Eleonora Scarcello

Molecole assassine

Il fascino oscuro e scientifico
delle sostanze letali, protagoniste di delitti
e torbide vicende

CAIRO

Disegni di Andrea Boschini

ISBN 978-88-309-0475-0
Prima edizione: febbraio 2025

Sommario

REGNO III: UNA BRUTTA BESTIA
Animali venefici e dove trovarli

Prefazione

*di Riccardo Rizzetto**

Durante le mie corse tra boschi e prati alpini, mi fermo spesso a scattare foto o a registrare brevi video. Non sono principalmente i paesaggi a interessarmi – benché mi affascinino molto, preferisco contemplarli senza la brama di rinchiuderli nella memoria del mio telefono. Ciò che amo catturare sono invece i piccoli dettagli botanici: una foglia, un fiore, una radice, un frutto. Le piante mi intrigano profondamente ma, nonostante i miei studi botanici, è come se non le conoscessi mai fino in fondo.

A volte penso che siano come quelle persone che sui social mostrano i lati migliori della loro personalità, nascondendo segreti e sfumature del carattere che probabilmente non piacerebbero a nessuno. Mentre le riprendo, penso solo a come trasmettere a chi guarderà i miei video il fascino della loro bellezza, dimenticandomi ciò che c'è dietro. È solo a mente fredda, quando a casa leggo i libri che parlano di loro, che mi ricordo quale sia il loro segreto – un segreto che in realtà conosco molto bene, ma che dimentico continuamente: l'universo di molecole nascosto in ciascuna di esse, molte delle quali spesso mortali.

* È dottore forestale e creator della seguitissima pagina Instagram @from.roots.to.leaves.

Non è mio compito chiamarle "veleni", come capirete dalla lettura di questo libro, ma ritengo in parte mia responsabilità ricordare a chiunque leggerà queste righe che non di rado, dietro a qualcosa di apparentemente innocuo come un piccolo fiore viola in un pascolo alpino, si può celare una delle tossine più letali del pianeta.

Per essere onesti, sono probabilmente molte di più le piante tossiche rispetto a quelle innocue, e anche quelli che chiamiamo semplici "principi attivi" talvolta fanno bene solo se assunti entro certe dosi. Ma anche qui, sarà compito del volume che avete tra le mani darvi gli elementi per conoscere meglio questi aspetti.

Questo libro è letteralmente un viaggio che vi porterà in epoche diverse, dentro romanzi e serie televisive, a conoscere esperimenti falliti o ad assaggiare alimenti pericolosi. Vi mostrerà con incredibile semplicità come lo stesso pericolo celato dietro ogni pianta sia in realtà in agguato in tanti altri momenti della nostra quotidianità. E, per quanto banale sia ciò che sto per scrivere, non c'è nulla di meglio della conoscenza per evitare una brutta fine!

Quando sono arrivato al termine della lettura, da buon friulano ho fatto un brindisi all'autrice con un bicchierino di grappa alla genziana (*Gentiana lutea*). Non a caso, sia chiaro! Si tratta di un simbolo perfettamente coerente con quello che troverete nelle prossime pagine: una grappa che nel corso della storia ha fatto delle vittime perché talvolta preparata con la pianta sbagliata (*Veratrum album*), che purtroppo era stata confusa con l'innocua simile compagna. Ma non è tutto! È proprio in un video su Instagram di alcuni anni fa, in cui parliamo di questa grappa mortale, che io ed Eleonora abbiamo collaborato per la prima volta. Potevo scegliere un brindisi migliore? A tutti e tutte voi una buona lettura!

MOLECOLE ASSASSINE

Ai curiosi del mondo,
a chi non si stanca mai di porsi domande

«Dal veleno più potente si estraggono
le migliori medicine.»
Proverbio italiano

Piccolo dizionario di termini tossicologici

AGENTE RIDUCENTE: in una reazione di ossidoriduzione, è la sostanza che si ossida (perde elettroni) per permettere a un'altra sostanza di ridursi (acquisire elettroni). È un elemento fondamentale in molte reazioni chimiche e processi industriali.

ALCALOIDE: molecola organica presente in molte piante, spesso con un sapore amaro. Gli alcaloidi hanno effetti potenti sul corpo umano e sono alla base di molte medicine e sostanze psicoattive.

ANTIDOTO: riduce o annulla gli effetti nocivi di una sostanza. Se è specifico, va a legare direttamente la tossina o i suoi recettori. Se non è specifico, va ad agire sui sintomi o sull'assorbimento della sostanza. Sono davvero pochi gli antidoti specifici disponibili, in parte perché è difficile eseguire ampi studi clinici su pazienti avvelenati, in parte perché vi sono pochi finanziamenti.

AVVELENAMENTO: può essere intenzionale, come nel caso

dei crimini, o accidentale. Solitamente è dovuto a una singola esposizione a una dose molto elevata.

INTOSSICAZIONE: è sempre accidentale. Solitamente è dovuta all'esposizione prolungata a una sostanza in quantità eccessive.

LD: Lethal Dose, la dose letale per un individuo adulto in buona salute.

LD_{50}: Lethal Dose 50, la dose media letale in grado di causare la morte del 50% degli animali trattati (ovvero sottoposti all'esperimento) in seguito a somministrazione orale, cutanea o inalatoria.

TOLLERANZA: la diminuzione della sensibilità a una sostanza tossica in seguito a esposizioni ripetute. Può essere il risultato di diversi meccanismi, come modificazioni enzimatiche o dei recettori, per compensazione fisiologica o per un aumento dell'eliminazione della sostanza tossica.

VELENO: in inglese vengono usati due termini specifici: *venom* indica un veleno che viene iniettato (come nel caso di un serpente), mentre *poison* si usa quando il veleno viene ingerito (come nel caso di un fungo). In italiano possiamo tradurli rispettivamente con "tossina", per intendere una proteina specifica prodotta da organismi viventi, e "veleno", ma i due termini vengono colloquialmente usati in maniera intercambiabile, e lo stesso viene fatto in questo libro.

VELENO PERFETTO: incolore, inodore, insapore, stabile nel tempo, in grado di provocare la morte in modo rapido e indolore, senza lasciare il tempo per un intervento medico e che non lasci tracce nella vittima *post mortem*. Il veleno perfetto, naturalmente, non esiste.

Veleni: questi sconosciuti

Troppa acqua fa male

2023, INDIANAPOLIS (USA). L'estate del 2023 fu una stagione particolarmente afosa. Ashley, per stemperare queste giornate senza respiro, organizzò una gita al lago Freeman con suo marito e i due figli in occasione dell'Independence Day. Questo lago, insieme al suo gemello, il lago Shafer, fa parte di una popolare area ricreativa, dove si possono fare lunghe passeggiate e godersi la natura. Dopo alcune ore, però, Ashley cominciò ad accusare il caldo, dicendo di essere molto assetata. Non aveva bevuto nulla durante tutto il giorno e stava iniziando a sentirsi poco bene. Così, per compensare le tante ore di disidratazione, prese alcune bottigliette d'acqua che si erano portati dietro e ne bevve il contenuto, ma la sete sembrava proprio non passare mai.

Dopo qualche ora trascorsa con un forte mal di testa e senso di disorientamento, la famiglia decise di rientrare e Ashley perse i sensi non appena mise piede nel garage di casa. I famigliari la portarono d'urgenza al pronto soccorso dell'ospedale IU Health Arnett. I medici dissero che aveva il cervello gonfio e non avevano idea di cosa stesse succedendo. Purtroppo, Ashley non riprenderà mai più conoscenza. Aveva trentacinque anni.

Ripercorrendo la storia clinica della donna, e pensando alle possibili cause che avevano potuto portare a quel tragico epilogo, venne menzionata la tanta sete e il malessere che aveva avuto durante la giornata. Si scoprì che aveva bevuto ben quattro bottigliette d'acqua, per un totale di sessantaquattro once, ovvero circa due litri, nell'arco di venti minuti al massimo. Secondo l'Autorità europea per la sicurezza alimentare (EFSA), una donna in buona salute, in condizioni di moderate temperature ambientali e medi livelli di attività fisica, dovrebbe assumere circa due litri di acqua in tutto l'arco della giornata, tra consumo diretto e alimenti. I litri salgono a due e mezzo per gli uomini. Nel caso di Ashley, quei litri erano stati assunti tutti d'un colpo. La diagnosi arrivò da lì a poco: avvelenamento da acqua.

L'intossicazione acuta da acqua è una condizione molto rara che provoca disturbi nell'equilibrio elettrolitico. In sostanza, i reni non riescono a svolgere con efficacia il loro lavoro e a eliminare rapidamente la tanta acqua ingerita. Questo provoca una repentina diminuzione di sodio nel sangue, ovvero quella che viene definita come una caduta dell'osmolarità extracellulare, che porta dunque all'ingresso di molta acqua nelle cellule. I neuroni, gonfi, aumentano di conseguenza la pressione intracranica, provocando danni al cervello. In questi casi i sintomi sono mal di testa, sonnolenza, confusione, talvolta allucinazioni, e infine si può arrivare al coma e alla morte. I casi clinici più comuni riportano pazienti che hanno ingerito più di tre-quattro litri, a volte anche sei, in un periodo di poche ore.

La diagnosi precoce in questo caso è fondamentale per

salvare il paziente, ma non solo. Avete presente le acque arricchite di elettroliti? Non a caso i medici, i nutrizionisti e gli allenatori si raccomandano, in giornate molto calde nelle quali ci siamo disidratati parecchio, di preferire queste bevande all'acqua semplice. Lo sanno bene anche i maratoneti. Quindi sì, anche l'acqua, fonte di vita, può essere un veleno.

Ma allora come siamo arrivati a definire che cosa sia un veleno?

Se anche l'acqua è veleno, allora tutto è veleno?

4500 A.C., MESOPOTAMIA. Sopra una tavoletta sumera, risalente a quattromilacinquecento anni fa, si legge: «Dea dei veleni e degli incantesimi». Stiamo parlando della dea Gula, conosciuta anche come la dea della guarigione. È il primo riferimento storico che abbiamo di una divinità collegata al mondo dei veleni e dell'esistenza dei veleni stessi. Una conoscenza antica come il mondo.

La cosa non dovrebbe sorprenderci più di tanto. Fin dagli albori, l'essere umano, per garantirsi la sua funzione primaria, ovvero la sopravvivenza, ha praticato un'ancestrale attività: l'osservazione. L'uomo delle caverne, osservando il mondo che lo circondava e le conseguenze di determinate azioni, si era reso conto che l'ingestione di certe foglie, bacche o radici era in grado di provocare differenti effetti sul corpo. Alcuni erano innocui, mentre altri erano in grado di indurre sonnolenza, provocare il vomito o la diarrea, alleviare il dolore o, al contrario, causarlo. Lo sapeva per esperienza diretta, poiché aveva provato sulla sua pelle l'effetto di quelle sostanze, o indiretta, notando quello che sceglievano di mangiare, e soprattutto di non mangiare, gli animali intorno a lui.

È risaputo, infatti, che gli animali in alcuni casi sono in grado di attuare comportamenti profilattici, come il consumo abituale di alimenti per mantenersi in salute, e terapeutici, come l'assunzione di sostanze tossiche prive di proprietà nutritive al solo scopo di curare una malattia. Gli scimpanzé, per esempio, masticano il midollo della *Vernonia amygdalina* per trattare l'infezione da vermi. Alcuni ricercatori sono riusciti a osservare una femmina di orango del Borneo gravemente ferita mentre mangiava dello zenzero, noto per le proprietà antibatteriche, antivirali e antifungine. Altri animali sarebbero addirittura in grado di trattare attivamente le ferite. In un'innovativa ricerca pubblicata nel maggio del 2024, infatti, sono state mostrate le foto e i video di un maschio di orango di Sumatra (*Pongo abelii*) intento a strappare le foglie di *Fibraurea tinctoria*, una pianta con noti effetti analgesici e antipiretici, masticarle e bagnare ripetutamente con il succo risultante una ferita che aveva sotto l'occhio destro. Infine, l'orango applicava anche le foglie masticate. In cinque giorni la ferita si era richiusa, portando gli autori a dedurre che l'automedicazione aveva accelerato il processo di guarigione e/o evitato l'infezione.

Gli animali sarebbero dunque in grado di riconoscere le specie vegetali contenenti sostanze biologicamente attive e usarle a proprio vantaggio. Allo stesso modo, abbiamo evidenze scientifiche per presupporre che persino l'uomo primitivo si fosse reso conto che la dicotomia cura e veleno era parte integrante della natura in cui viveva.

A poco a poco, e per tutti i secoli successivi, l'uomo iniziò a utilizzare le sostanze velenose come arma di difesa.

Uno dei veleni prediletti del XVI secolo è il curaro, che si ottiene estraendo diverse parti delle piante del genere *Strychnos* con acqua calda, aggiunta di cenere e infine filtrazione. Il concentrato risultante appare come un liquido denso e gommoso. Gli Indi della foresta amazzonica effettuavano poi delle scanalature nelle punte delle frecce o dardi e applicavano questa pasta morbida per avvelenare gli animali durante la caccia. La particolarità del curaro è che, non appena raggiunge il circolo sanguigno della preda, provoca una paralisi respiratoria e degli arti, causando la morte per asfissia, ma non ha alcun effetto quando assunto per via orale. Questo fa sì che la selvaggina possa essere consumata in totale sicurezza dall'uomo, rendendo di fatto il curaro un'arma potentissima. Nella medicina odierna, il curaro viene usato per indurre il rilassamento della muscolatura scheletrica per blocco neuromuscolare durante l'anestesia chirurgica.

Un'altra pianta molto adoperata nella caccia era l'*Aconitum napellus*, usata da Galli e Germani. Non a caso il termine *akòniton* in greco significa proprio "pianta velenosa", e dagli antichi veniva spesso volgarmente chiamata "arsenico vegetale". La tossina più pericolosa è l'aconitina, che agisce sul cuore e sul sistema nervoso, prima stimolandolo e poi paralizzandolo. A oggi l'aconitina trova spazio nella medicina per le sue proprietà neuroprotettive.

Se il veleno nella caccia si era dunque rivelato un valido alleato per garantire la sopravvivenza dell'uomo, non ci volle molto tempo perché cominciasse a essere usato per altri scopi, decisamente meno nobili, come l'omicidio.

Il primo personaggio storico a essere morto per avvelenamento per ragioni politiche, secondo le testimonianze di cui disponiamo, fu probabilmente il Gran Re di Persia

Artaserse III, nel lontano 338 a.C. I veleni occupavano un posto molto importante nel mondo antico, anche se non disponiamo di abbastanza elementi per conoscere la reale incidenza dei venefici. Come riportato dallo storico Giovanni della Mora, che ha ricostruito minuziosamente il ruolo dei veleni nell'antica Roma, il veneficio andava a braccetto con l'adulterio, considerato un delitto, ed era spesso rafforzato da riti magici. Va da sé che le prime persone a essere storicamente associate ai veleni furono le donne. Da una parte perché l'uso di questa arma non richiedeva un grande sforzo fisico come poteva richiederlo un accoltellamento per esempio, e d'altra parte perché era la donna a conoscere i segreti delle piante e a occuparsi della cucina, dove preparava, oltre ai pasti, pozioni e rimedi medicamentali, e dunque avrebbe anche potuto facilmente preparare dei veleni mortali, considerati il lato oscuro dell'arte culinaria. Se ci aggiungiamo poi il fatto che la figura femminile veniva spesso associata all'inganno e al tradimento, il gioco è fatto: era la donna colei che li preparava e li somministrava con l'astuzia.

L'idea che il veleno sia un'arma tipicamente femminile è perpetuata fino ai giorni nostri. Ancora oggi, infatti, crediamo – erroneamente – che una buonissima parte degli omicidi effettuati dalle donne preveda l'utilizzo dei veleni. In realtà, in cima alle classifiche troviamo le armi da fuoco e le armi da taglio. La stragrande maggioranza degli omicidi (93,7% nel 2022, dati ISTAT) viene commesso dagli uomini, quindi in termini assoluti l'avvelenamento viene commesso prevalentemente da un uomo e ricopre meno dell'1% degli omicidi (nota: il gas non rientra in questa categoria poiché viene considerato morte per asfissia). Gli avvelenamenti sono annoverati nella categoria «morti causate da altri mezzi» (che comprende anche lo strangolamento) ed è il sesto modo più comune per uccidere per una donna. Ma se andiamo a confrontare direttamente uomini e donne, allora vedremo che è sette volte più probabile che una donna scelga un veleno rispetto a un uomo.

Tornando agli antichi, la paura dei venefici era così diffusa che nacque nell'antica Roma una vera e propria accademia di degustatori, i *praegustatores*, per riuscire a individuare il veleno nei cibi e pietanze. Lo scopo non era, come si vede in molta filmografia, far assaggiare la pietanza e aspettare di vedere se il malcapitato moriva, bensì riconoscere già dall'odore la presenza di una sostanza tossica. Ciò avviene anche in epoche meno remote: non a caso, nell'*Historia Longobardorum* si legge che Rosmunda fece bere a Elmichi «una tazza di veleno dicendogli che era una medicina». Questo perché c'è sempre stata la convinzione che la medicina debba essere cattiva, aspra o amara per fare effetto. Mascherare un veleno nelle pietanze, infatti, è un compito che si può rivelare ben più complicato di quanto si possa pensare.

La paura di morire avvelenati era così comune tra i Romani, che iniziò a consolidarsi l'abitudine di far tintinnare i bicchieri in segno di fiducia: se il vino fosse stato avvelenato, con questo gesto sarebbe passato da un bicchiere all'altro, avvelenando tutti i brindatori. Un onesto padrone di casa non doveva dunque avere remore nell'alzare il calice insieme ai suoi ospiti, mescolando così i liquidi. Sembra, infatti, che il termine "tintinnio" abbia avuto origine proprio da questa pratica, così come l'usanza di guardarsi dritto negli occhi mentre si brinda. A onor del vero, bisogna aggiungere che ormai il brindisi è un gesto simbolico, durante il quale, secondo il galateo, i bicchieri in teoria non si dovrebbero nemmeno toccare. Oggi, quindi, brindare con così tanta energia da far mescolare i liquidi risulterebbe un po' grottesco.

Molte sono le morti famose per venefici nel passato, alcune di cui abbiamo prove concrete, altre ancora troppo avvolte nell'incertezza e nella leggenda. Tra queste ricordiamo la morte dell'imperatore Claudio. La moglie Agrippina gli avrebbe infatti dato dei funghi avvelenati, della specie *Amanita muscaria* per la precisione, altamente tossici. Nel tentativo poi di indurgli il vomito, il medico gli avrebbe solleticato la gola con una piuma avvelenata precedentemente da Locusta, una famosa avvelenatrice alla corte di Nerone, ponendo definitivamente fine alla vita di Claudio. La piuma era stata intrisa di un estratto di coloquintide (*Citrullus colocynthis*), usato a quei tempi come purgante, ma estremamente tossico in dosi elevate.

Secondo una versione degli storici, anche Alessandro Magno potrebbe essere morto nel 323 a.C. proprio a causa di un veleno. Ad averglielo somministrato sembra essere stata una delle mogli, Roxane, mossa da gelosia. La donna avrebbe utilizzato la stricnina, che provoca tremori, convulsioni, mal di stomaco e allucinazioni, tutti sintomi che sembra aver provato il re prima di morire. Secondo altri autori, invece, il veleno assunto da Alessandro Magno fu il *Veratrum*, mentre fonti ancora diverse suggeriscono che sia morto di malaria.

In generale, era difficile determinare le cause di morte poiché i sintomi di avvelenamento più comuni sono quelli gastrointestinali, in quanto il corpo cerca di espellere le tossine. Ma moltissime altre malattie presentano sintomi simili, rendendo di fatto impossibile stabilire le cause con certezza.

Per prevenire dunque un potenziale avvelenamento, venivano usati degli antidoti, considerati quasi come delle pozioni magiche. La prima documentazione scritta riguardo a un antidoto specifico risale all'*Odissea*, quando viene suggerito a Ulisse di prendere il *moli* per proteggersi dalla pozione avvelenata offerta dalla maga Circe. Il *moli* potrebbe essere il *Galanthus nivalis*, una pianta oggi meglio conosciuta come bucaneve.

Sia nell'antica Roma sia nell'antica Grecia, si credeva profondamente al potere di questi antidoti, tant'è che molti li assumevano quotidianamente a scopo preventivo. Tuttavia, si avevano idee alquanto bizzarre al riguardo e molti di essi (per non dire tutti) non avevano alcun fondamento scientifico, ma solo un effetto placebo, alimentato da credenze e paure.

In particolare, ci fu un re, Mitridate VI (132-63 a.C.), conosciuto anche come il Grande Re del Ponto, che aveva il terrore che qualcuno lo potesse avvelenare, e così si mise a cercare un modo per diventare immune a ogni veleno presente sulla faccia della Terra. Dopo qualche tempo, mise a punto un antidoto che gli avrebbe permesso di raggiungere la cosiddetta tolleranza. Ogni giorno il medico di corte doveva preparargli una miscela di veleni (si pensa che ne contenesse almeno trentasei tipi diversi), a dosi bassissime in modo tale da rimanere in vita e diventare a poco a poco immune a veleni, punture, morsi di vipera, ragni o scorpioni. A lui però non fu poi così utile poiché, ironia della sorte, nel momento in cui venne sconfitto dai Romani cercò di togliersi la vita proprio con un veleno, il quale però non ebbe alcun effetto, e dal momento che era troppo indebolito e disorientato per trafiggersi da solo con una spada, fu dunque costretto a chiedere alla sua guardia del corpo, Bituito, di farlo per lui. O almeno, così vuole la leggenda. Fatto sta che quell'antidoto dalle virtù miracolose nei secoli successivi prese il nome di "mitridato", o "teriaca" più in generale, e fu coniato il termine “mitridatismo”, ovvero la resistenza a un veleno tramite l’assunzione graduale.

Cento anni dopo Mitridate VI, un medico alla corte di Nerone chiamato Andromaco il Vecchio (I secolo d.C.) migliorò la teriaca modificandone la formulazione e includendo più di sessantacinque ingredienti. La particolarità era che, in aggiunta all’antidoto di Mitridate, conteneva anche carne di vipera. Il principio alla base era sempre lo stesso, ovvero ciò che genera il male lo può anche curare. Ai tempi degli antichi Greci e Romani, i veleni maggiormente utilizzati erano di origine vegetale e talvolta animale (come nel caso dei serpenti). I veleni minerali cominciarono a essere utilizzati soprattutto dal Medioevo in poi, anche se si avevano ampie conoscenze già da prima. È quindi normale che i crimini commessi prevedano l’uso di un particolare veleno rispetto a un altro a seconda del periodo storico in cui sono avvenuti, più che per la loro reale efficacia.

Che cos’era dunque un veleno per gli antichi? È curioso notare come il sostantivo latino *venenum*, così come anche quello greco *phàrmakon*, presi da soli erano ambigui, poiché potevano voler dire sia rimedio sia veleno. Per distinguere la valenza positiva o negativa, bisognava aggiungere un’altra parola, come *malum* o *bonum*. Era dunque già presente il concetto che la stessa sostanza potesse essere sia farmaco sia veleno. Che cos’era che li distingueva allora? Per la risposta, dovremo ancora aspettare qualche secolo.

È la dose a fare il veleno

1493-1541, SVIZZERA. C’era una cosa che Theophrastus von Hohenheim amava più di tutti: quando il padre, medico e professore di chimica in una scuola mineraria, gli mostrava la collezione di minerali che avevano in casa e gli svelava le proprietà racchiuse in ognuno di essi. Li guardava affascinato, pensando a quanta meraviglia nascondesse la natura. O almeno così narra la leggenda.

La sua carriera, dunque, non poteva che cominciare da una laurea in Medicina, conseguita probabilmente nel 1516 all'Università di Ferrara. Tuttavia, gli insegnamenti medici dell'epoca erano molto tradizionalisti e poco inclini alle novità. Si basavano perlopiù sui trattati di Aristotele, Galeno e Avicenna, considerati da Theophrastus come antiquati.

Negli anni seguenti si spostò moltissimo, viaggiando per tutto il globo: Egitto, Arabia, Russia, Paesi Bassi, Francia, Germania, Isole Britanniche. Durante i suoi viaggi acquisì molta esperienza in ambito medico, usando metodi innovativi che si discostavano molto dalle usanze dell'epoca. Per esempio, fino ad allora le ferite di guerra venivano tappate con sterco secco o impiastri di muschio, tant'è che non era raro arrivare all'amputazione dell'arto infetto, ma lui, avvicinandosi sorprendentemente alla medicina odierna, consigliava di drenarle, facendo fuoriuscire i liquidi affinché la natura facesse il suo decorso, e di pulirle a fondo, per evitare eventuali infezioni.

Inoltre, fu uno dei primi a non usare purganti, infusi o quant'altro per curare i pazienti, prediligendo trattamenti che sfruttavano le proprietà curative dei minerali che conosceva molto bene, tra cui i sali di mercurio, di arsenico e di antimonio. Nella sua visione, tutta la materia, così come il corpo umano, era formata da tre elementi: zolfo, mercurio e sale. I suoi trattamenti minerali, dunque, andavano ad agire su quelli presenti nel corpo "rimettendoli a posto".

Anche se le conoscenze odierne ci dimostrano ben altro,

i suoi metodi sembravano funzionare molto bene: riusciva a salvare vite semplicemente usando questi rimedi minerari, era in grado di diagnosticare correttamente le malattie e offrire una cura valida. Come era solito affermare, «se uno vuole conoscere molte malattie, deve viaggiare!», e dati i suoi numerosissimi viaggi, era in grado di riconoscere rapidamente le patologie più insidiose. La sua fama si diffuse rapidamente in tutti i Paesi, soprattutto dopo aver curato personaggi di spicco come Johann Froben, un editore umanista molto famoso all'epoca. Questo neonato prestigio gli permise di ricoprire, a soli trentaquattro anni, il posto di medico municipale e docente universitario a Basilea. Tuttavia, Theophrastus era un ribelle e non riusciva a starsene tranquillo al suo posto. Una volta ottenuto il titolo, infatti, insorse: durante la notte di San Giovanni, insieme ai suoi studenti bruciò il *Canone della medicina* di Avicenna, il più importante testo di medicina universitario dell'epoca, in un gran falò, e condannò pubblicamente gli insegnamenti di Ippocrate e Galeno. Come potrete immaginare, in quel momento erano non pochi gli oppositori che lo volevano morto. Guy Patin, uno dei suoi più feroci avversari, scrisse di Theophrastus definendolo un «maestro nell'uccidere la gente con la chimica».

Così, per darsi un tono, come diremmo noialtri, o meglio, per sparire nell'anonimato, come sostiene lo storico Thony Christie, scelse un soprannome che si porterà dietro per tutti i secoli a venire, anche se naturalmente non poteva ancora saperlo: Paracelso, ovvero "superiore a Celso", per rimarcare che si considerava addirittura superiore a Celso, uno scrittore medico romano. Un'altra ipotesi sull'origine del nome, invece, viene attribuita al significato latino, ossia "posizione elevata", probabilmente una traduzione del cognome del padre, Hohenheim, che in tedesco antico significa "casa alta".

Quella che proponeva Paracelso era la nuova medicina, fondata sull'esperienza e sull'osservazione empirica, e non su vecchie credenze che si trovavano nei libri. Siamo pur sempre nel XVI secolo, quindi la magia e la superstizione avevano ancora un ruolo molto importante, persino per Paracelso, che nonostante ciò venne considerato il pioniere della iatrochimica, ovvero l'utilizzo della chimica per curare i corpi.

Nelle sue cure usava minerali anche molto pericolosi, ma sosteneva che usandoli nelle dosi corrette come rimedio specifico, e non come rimedi generici per curare ogni malessere, potessero apportare grandi benefici. Inoltre, riteneva che anche le sostanze tossiche potessero essere terapeutiche, se usate in dosi adeguate. La celeberrima frase «è la dose a fare il veleno» introduce un concetto fondamentale in tossicologia, ovvero quello di valore soglia. Qual è il valore oltre il quale quella sostanza da benefica diventa tossica? Il sottile limite che esiste tra veleno e farmaco, Paracelso poteva solo teorizzarlo, non disponeva certo degli strumenti adatti a operare questo tipo di misurazioni. Ma anche se erano solo teorie, e buona parte del suo credo era ancora fondato su alchimia e magia, il titolo di padre della tossicologia possiamo dire che se lo sia ampiamente meritato.

La Regina avvelenatrice

1519-1589, FIRENZE. A soli quattordici anni, una ragazza originaria di Firenze, di nome Caterina, si ritrovò a convolare a nozze con Enrico II di Francia. A ventott'anni il suo consorte morì, lasciandole in mano l'intero regno, che lei governò anche negli anni a venire come reggente, dal momento che i figli (tre dei quali divennero in seguito re) erano ancora troppo giovani per esercitare il potere. La sua intelligenza, insieme a tenacia e astuzia, le permisero di diventare una delle donne più potenti dell'Europa del XVI secolo: stiamo parlando di Caterina de' Medici, conosciuta anche come la "Regina Madre".

Nell'Italia del Cinquecento, andava di moda profumare gli indumenti e Caterina, da grande appassionata quale era, arrivò in Francia accompagnata dal suo profumiere personale e una vasta collezione di essenze. Fu probabilmente la prima a introdurre alla corte francese i guanti in pelle, rigorosamente profumati.

Per capire il bisogno di profumare i guanti in pelle, occorre inquadrare brevemente il contesto. All'epoca, la pelle veniva preparata con un procedimento alquanto rustico. Fino al XVII secolo (e secondo altre testimonianze addirittura fino al XIX), infatti, per eseguire il primo passaggio, ovvero la separazione dei peli dalla pelle, venivano immerse le pellicce in vasche di urina. Per evitare poi che il prodotto andasse in putrefazione a causa dello sviluppo di batteri, il cuoio veniva conciato. La concia poteva essere effettuata tramite l'impiego di diverse tecniche, tra cui l'utilizzo di escrementi animali, come cane o piccione, cervello o talvolta tuorli di uovo. Infine, le pelli venivano rifinite. Non è un caso, infatti, che le concerie sorgessero nelle periferie della città: il fetore emanato era semplicemente insopportabile.

I nobili che desideravano dunque indossare tali accessori, principalmente come emblema di prestigio, dovevano necessariamente profumarli per coprirne l'odore rancido.

Tuttavia, far rimanere il profumo su un guanto in pelle è tutto fuorché un'inezia: il profumo spariva velocemente, mentre il fetore restava ben impresso. I profumieri, dunque, utilizzavano un lungo processo che prevedeva il mescolamento di erbe, spezie e fiori in grasso e olio animale, l'immersione dei guanti nella miscela e la conseguente asciugatura. Il processo veniva ripetuto a più riprese. Questi guanti profumati, che presero in seguito il nome di "guanti dolci", divennero molto popolari in tutta la Francia, ed ebbero un ruolo importante anche per quanto riguarda Caterina e il suo legame con i veleni.

I francesi ritenevano che gli italiani fossero i maestri del veleno e della stregoneria (abbiamo già visto nel paragrafo precedente il legame tra questi due concetti) e Caterina credeva profondamente nell'astrologia, venne presto additata come una maga avvelenatrice. Il suo legame con l'occulto era indubbio, d'altronde tutta la famiglia Medici era dedita a questa arte, e Caterina, nonostante i rigidi insegnamenti cattolici, rimase ossessionata per tutta la vita da maghi e veggenti. Si dice che non prendesse mai una decisione importante senza prima aver consultato uno dei suoi astrologi di fiducia, che indossasse dei talismani come protezione e che usasse i maghi per mettere in atto vendette personali e liberarsi dei nemici. In particolare, aveva un legame molto forte con il famigerato astrologo Cosimo Ruggieri (o Ruggeri), al quale sembra che fece appositamente costruire una torre astrologica di osservazione, che oggi si può ancora ammirare accanto alla *Bourse de Commerce* a Parigi (anche se, bisogna dirlo, la funziona della torre non è mai stata chiarita con certezza).

Aveva un'ampia collezione di veleni, pare che i molteplici cassetti in legno presenti in una delle sue stanze del castello di Blois ne contenessero a centinaia, ma la cosa non deve stupirci più di tanto, dal momento che all'epoca l'uso di veleni come l'arsenico era cosa molto comune, e non era sufficiente possederlo per diventare dei sospetti assassini.

Tuttavia, numerosissime furono le accuse di avvelenamento a suo carico, tanto che fu proprio con l'appellativo di "Regina avvelenatrice" che passò alla storia, ma fra tutte spicca la leggenda che ruota intorno alla regina di Navarra, Giovanna d'Albret. Costei era una protestante, e dichiarò presto la sua religione come la religione ufficiale del suo regno. Caterina, da severa cattolica, non vide affatto di buon occhio la cosa. Così, per cercare di trovare un compromesso e unificare il Paese, venne organizzato un matrimonio pacificatore tra la figlia di Caterina e il figlio di Giovanna. Tuttavia, esattamente due mesi prima delle nozze, Giovanna morì in circostanze sospette. Molti additarono subito la regina come sospetta colpevole e, a coronare il tutto, ci sarebbe stata l'arma del delitto: un paio di guanti di pelle intrisi non di profumo, bensì di veleno. Gli storici moderni ritengono che sia più probabile l'ipotesi di morte per tubercolosi, ma le leggende, si sa, sono dure a morire.

In circostanze simili, la regina avrebbe anche cercato di sbarazzarsi di Enrico, figlio di Giovanna d'Albret. Come narra Alexandre Dumas nel suo romanzo *La Regina Margot*, in questo caso la regina, non potendo offrire a Enrico dei guanti come alla madre, gli avrebbe fatto recapitare un libro sull'arte della caccia intriso di un veleno per il quale non esisteva antidoto. Il libro finì però per errore tra le mani di suo figlio, il re Carlo IX, che morì in modo atroce.

I metodi della regina erano sicuramente poco ortodossi (tra le altre cose, si dice che per scongiurare le accuse di infertilità e rimanere incinta abbia bevuto urina di animali gravidi), ma di fatto bisogna riconoscere che ha sempre proceduto secondo le regole del metodo scientifico: sperimentazione e osservazione. Con la scusa di fornire cibo, era solita infatti testare i veleni su poveri e malati, osservando poi scrupolosamente quanto velocemente si manifestasse l'effetto, quanto questo fosse intenso, per quanto tempo durasse o quale organo venisse colpito per primo, riuscendo così a classificare l'efficacia delle sue miscele tossiche. In un certo senso, si può dire che Caterina de' Medici fu la prima tossicologa sperimentale.

Torta all'arsenico

1840, PARIGI. Madame Marie Fortunée Cappelle era una bellissima donna di nobili radici (la sua famiglia era discendente di re Luigi XIII). Il padre, un ufficiale dell'artiglieria, morì durante un incidente di caccia quando Marie aveva solo dodici anni e la madre se ne andò anche lei qualche anno dopo: la ragazzina, rimasta dunque orfana e senza dote, venne adottata dalla zia. A ventitré anni non aveva ancora trovato un marito, motivo di grande preoccupazione per gli standard dell'epoca, per cui lo zio la diede in sposa a un uomo, un certo Charles Pouch-Lafarge. Charles era un uomo rozzo, che si fingeva ricco, ma in realtà era in bancarotta. Non appena conobbe Marie, volle subito prenderla in sposa, pensando così furbamente di poter colmare i suoi debiti. Marie lo trovava volgare e ripugnante, ma si era presentato come un uomo benestante e proprietario di una ricca tenuta, e dunque degno di interesse. Le nozze per convenienza erano alquanto usuali all'epoca, e l'essere felici e innamorati passava decisamente in secondo piano.

Nel caso di Marie e Charles, il matrimonio cominciò a fare acqua da tutte le parti fin dal primo giorno. Non appena si trasferirono in campagna, nella tenuta di Charles, Madame Marie ne rimase inorridita: la dimora cadeva a pezzi, era umida e infestata dai topi, e per di più la giovane sposa disprezzava i suoceri, di origine contadina. La famiglia di lui, per tutta risposta, non vedeva di buon occhio la bella donna. Come si suol dire, l'amore può non essere corrisposto, ma l'odio lo è sempre.

Durante la prima notte trascorsa nella nuova tenuta, Madame Marie scrisse una lunga lettera al marito, implorandolo di concederle il divorzio, ma lui non acconsentì. Dopo qualche tempo, le acque sembrarono essersi calmate, almeno apparentemente, tant'è che quando Charles si recò a Parigi per affari, Marie gli inviò subito lettere d'amore e una torta fatta da lei. Durante quei giorni, però, Charles si ammalò e dovette rientrare a casa, dove venne accudito dalla moglie e dai famigliari più stretti. Visti i sintomi quali diarrea, vomito e crampi addominali, il medico di famiglia gli diagnosticò il colera e gli prescrisse dello zabaione per rinforzarsi.

A gennaio del 1840, Charles fu ritrovato senza vita nel letto di casa. Erano passati solo sei mesi dal giorno delle nozze.

I famigliari non ebbero dubbi: si unirono subito ad accusare a gran voce Madame Marie, presentando le prove al magistrato locale. Gli indizi a carico della donna erano numerosi: durante la malattia del marito, Marie gli aveva preparato dello zabaione, ma la suocera, insospettita, lo aveva fatto analizzare dal chimico del paese, il quale aveva stabilito che era presente dell'arsenico in quantità tali «da uccidere dieci persone». Non solo: Madame Marie si era presentata più volte in farmacia per acquistare dell'arsenico allo scopo di sterminare i topi in casa. «Due penny per mezza oncia!», il prezzo a cui lo vendeva il farmacista. La governante affermava di aver visto la signora mescolare di nascosto della polvere bianca in una bevanda e, infine, trovarono dell'arsenico nella camera matrimoniale di Marie e Charles. Si ipotizzò, dunque, che anche la torta inviata a Parigi contenesse una buona dose di arsenico.

Madame Marie venne arrestata con l'accusa di omicidio, dando via al processo più popolare nell'Europa del XIX secolo: l'*Affaire Lafarge*.

Il caso venne ripreso da tutti i giornali, per settimane non si parlò d'altro. Non appena iniziò il processo, la società francese si divise tra lafargisti e antilafargisti. Infatti la donna, affascinante e colta, riusciva a suscitare molta simpatia e si presentava con un'aria innocente, per cui molti si schierarono dalla sua parte; altri invece non vedevano l'ora di assistere alla punizione della diabolica "avvelenatrice". Proprio in quel periodo, una scoperta scientifica destinata a rivoluzionare le indagini forensi fece la sua comparsa: il test di Marsh, un metodo chimico appena messo a punto per rilevare tracce di arsenico.

James Marsh era un chimico inglese che rimase particolarmente infastidito dal verdetto di un precedente famoso caso giudiziario: un certo John Bodle aveva senza dubbio ucciso il nonno con del triossido di arsenico, per appropriarsi dell'eredità. Il giovane tuttavia riuscì a farla franca agli occhi della legge, e così James decise di ideare un apparecchio che potesse identificare in modo inconfutabile l'arsenico nei campioni biologici e incastrare tutti i criminali.

Questo test da lui ideato funzionava in modo semplice, ma estremamente efficace. Innanzitutto, bisognava scaldare il campione di tessuto sospettato di contenere l'arsenico con degli acidi, in modo tale da portare l'arsenico in soluzione e distruggere la materia organica. In un secondo momento, bisognava aggiungere dello zinco metallico in modo tale da formare il gas arsina (AsH_3):

$$As_2O_3 + 6\,Zn + 6\,H_2SO_4 \rightarrow 2\,AsH_3 + 6\,ZnSO_4 + 3\,H_2O$$

Il gas arsina sarebbe poi passato per un tubo contenente cloruro di calcio, un essiccante, e poi per un tubo di vetro riscaldato da una fiamma libera a 250-300 °C in modo da decomporre l'arsina in idrogeno e arsenico metallico:

$$2\,AsH_3 \rightarrow 2\,As + 3\,H$$

Se nel campione fosse stato presente dell'arsenico, si sarebbe formato uno specchio nero-metallico nella parte più fredda del tubo. Una rappresentazione grafica del test di Marsh è visibile qui sotto:

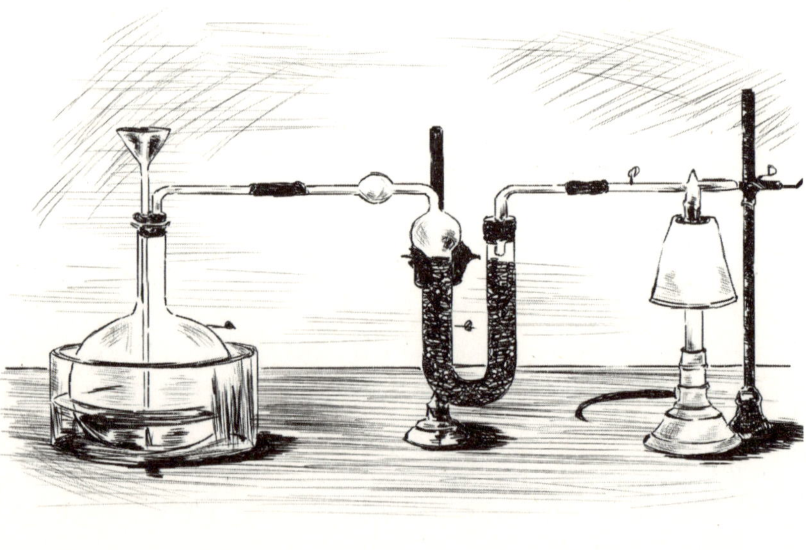

Questo test era innovativo, non solo perché riusciva a rilevare delle minuscole tracce di arsenico (inferiori a 0,1 mg), ma anche perché riusciva a quantificarle. D'altro canto, tutti noi abbiamo delle piccole tracce di arsenico nel nostro corpo: questo elemento, infatti, è indispensabile per la nostra esistenza, e non possiamo evitare di ingerirlo attraverso la normale dieta. Inoltre, l'arsenico è anche presente naturalmente nel terreno. La difficoltà dell'accusa, dunque, non stava solo nel dimostrare che l'arsenico fosse effettivamente presente nel corpo della vittima, ma soprattutto che fosse stato ingerito (inconsapevolmente e in quantità ingenti) da Charles.

Dalle prime analisi, il cibo e le bevande che Madame Marie aveva dato al defunto marito risultarono positive all'arsenico. Venne dunque anche riesumato il corpo, ormai ben sette mesi dopo la sua sepoltura, per effettuare l'autopsia. Due chimici locali, M. Dubois e M. Dupuytren, effettuarono il test di Marsh su materiale direttamente estratto dal corpo di Charles, ma i dati furono inconcludenti e il cadavere non sembrava contenere alcuna traccia di arsenico. Dunque, a questo punto del processo, la vedova risultava ancora innocente.

Tuttavia, la corte chiese un riesame con il consulto del più famoso tossicologo forense dell'epoca, Mathieu Joseph Bonaventure Orfila Rotger (1787-1853). Costui arrivò nella notte da Parigi ed effettuò nuovamente il test di Marsh in un laboratorio improvvisato proprio all'interno dell'aula, sotto gli occhi di tutti quelli che riuscirono a resistere al fetore emanato da un corpo in evidente stato di putrefazione. Dopo un lavoro scrupoloso, dichiarò che erano presenti tracce di arsenico, e che non provenivano né dal terreno né dai reagenti utilizzati. La testimonianza del più grande tossicologo al mondo non poteva essere ignorata dalla giuria, e così la corte emise il verdetto: colpevole. La condanna prevedeva l'ergastolo e i lavori forzati nel carcere di Montpellier, anche se in seguito fu ridotta al solo ergastolo per volere del re. Era la prima volta che un esame tossicologico veniva usato durante un processo pubblico per condannare una persona.

Ma sembrava che l'*Affaire Lafarge* non fosse ancora acqua passata per la stampa, e furono in molti a contestare le prove scientifiche fornite da Mathieu Orfila, incluso il *New York Times*. Nonostante ciò, la povera Marie, che di fortunato conservava solo il cognome da nubile, rimase in prigione fino al 1852, quando Napoleone III la liberò poiché aveva contratto la tubercolosi, e morì da lì a poco, dichiarandosi innocente fino all'ultimo respiro.

Il caso mediatico di Marie Lafarge viene associato alla nascita della tossicologia forense, volta a valutare se la presenza di sostanze tossiche è a scopi delittuosi o incidentali, e Mathieu Orfila è riconosciuto come il padre di questa disciplina. Il suo *Traité des poisons* rappresenta il primo approccio sistematico dedicato all'analisi chimico-fisiologica delle sostanze velenose.

Il test di Marsh divenne il terrore degli avvelenatori, e l'esperimento venne eseguito pubblicamente durante numerosi spettacoli teatrali che riproponevano il processo Lafarge, nei salotti o nelle conferenze pubbliche. Il numero di avvelenamenti per arsenico, da lì in poi, diminuì notevolmente.

Perfect poison vs. *true crime*

2024, QUI E ORA. Morire per avvelenamento, volontario o accidentale, non era affatto un evento raro nell'antichità: tra serpenti velenosi e congiure dietro ogni angolo, era tra le fonti di preoccupazione più comuni.

Verso la fine degli anni Venti dell'Ottocento, e fino alla fine degli anni Cinquanta, l'avvelenamento criminale aumentò notevolmente nei Paesi di cui disponiamo di statistiche ufficiali, ovvero Gran Bretagna, Belgio e Francia.

In questo periodo i veleni la facevano da padroni, se non altro per la loro facile reperibilità e per i racconti sensazionalistici che portarono a quello che venne definito "panico da veleno". I dati ci dicono che in questo secolo il numero di venefici ammontava al 20% degli omicidi. In Inghilterra la metà di questi – con una tendenza simile, oltretutto, anche negli altri Paesi – veniva commessa utilizzando l'arsenico, seguito per incidenza di casi da oppiacei, stricnina, acidi e mercurio.

Una possibile spiegazione di questo aumento, come è stato ampiamente discusso nell'articolo *Poisoning Crimes and Forensic Toxicology Since the 18th Century*, pubblicato nel 2020, è che le nostre aumentate conoscenze scientifiche in materia di veleni, la consapevolezza non solo degli operatori sanitari ma anche del pubblico, e infine gli evidenti miglioramenti nei metodi utilizzati per rilevare le sostanze tossiche, hanno fatto sì che diventassimo sempre più abili nell'identificare gli avvelenamenti. Di conseguenza, ci sono state ulteriori accuse, indagini e procedimenti giudiziari su casi che prima avrebbero potuto facilmente passare inosservati, o sarebbero stati archiviati in fretta.

A ogni modo, nel 1850, a causa della crescente preoccupazione riguardante l'utilizzo di arsenico per commettere malefatte, venne diramato l'*Arsenic Act*: con questa legge, chi comprava del veleno doveva registrare correttamente il proprio nome, le quantità acquistate e la motivazione. Inoltre, veniva richiesto di colorare l'arsenico con la fuliggine in modo tale che fosse facilmente riconoscibile. Dal 1870 in poi, il numero di venefici scese vertiginosamente.

A oggi, lo scenario è cambiato radicalmente. Secondo i dati ISTAT aggiornati a maggio 2023, nel 2020 ci sono stati 746.324 decessi, di cui 545 avvenuti per avvelenamenti accidentali, ovvero lo 0,07%. Questo dato è addirittura inferiore alle morti per cadute accidentali e per suicidio. Al primo posto tra gli avvelenamenti accidentali troviamo l'ingestione di detersivi, e non di certo l'uso del curaro, dell'arsenico o della stricnina. Nella classifica degli omicidi, poi, ricordiamo che il veleno viene usato in meno dell'1% dei casi, sebbene questo dato possa essere sottostimato. Eppure, quando si parla di venefici si hanno molti timori poiché vi è la convinzione che i veleni usati rispecchino le caratteristiche del veleno perfetto: facile da somministrare, in grado di agire quando l'assassino si sia già allontanato in modo da non destare sospetti – ma che poi completi il suo effetto in un tempo di azione talmente breve da non lasciare tempo alla vittima di chiamare i soccorsi –, dal gusto e odore gradevolissimo, o del tutto assente, difficile da individuare durante le analisi *post mortem*, privo di antidoti, e che provochi sintomi simili a quelli provocati da un'altra malattia.

Come il lettore avrà certamente intuito, il veleno perfetto non esiste.

La verità è che usare un veleno per commettere un omicidio è un'azione solo apparentemente semplice, e ne è dimostrazione il fatto che la stragrande maggioranza dei criminali sceglie altri metodi: sparare, pugnalare, usare un oggetto contundente…

I motivi sono molteplici. Innanzitutto, procurarsi un veleno può rivelarsi alquanto complicato. Sono finiti i tempi in cui si potevano acquistare dal farmacista barattoli e barattoli di "veleno per topi"; oggi tutte le sostanze devono essere opportunamente registrate e ne deve essere giustificato l'uso. Anche le ricerche sul dark web vengono attentamente monitorate dalla polizia. In varie occasioni, infatti, l'FBI è riuscita a intercettare ordini di veleni mortali come la ricina, e i colpevoli hanno ricevuto pene gravissime. Nel caso in cui, invece, si decidesse di usare sostanze derivate dalle normali piante che si tengono in casa, i composti andrebbero isolati e purificati utilizzando delle metodologie e conoscenze non sicuramente accessibili ai più.

In secondo luogo, servono delle conoscenze molto approfondite sul veleno in questione per farla franca. I film e i romanzi a tema *true crime* spesso ci fanno credere che basti assumere una piccolissima dose di veleno per rimanere stecchiti e solitamente in queste trame l'assassino riesce a farla franca senza destare alcun sospetto.

La realtà è un po' diversa da così. Calcolare la dose esatta per quell'individuo, con un'età e un peso corporeo specifici, con una storia genetica alle spalle, con una precisa condizione di salute e delle patologie pregresse, e magari una tolleranza acquisita verso una particolare molecola, è un'impresa più che ardua. Sappiamo infatti che l'effetto di ogni veleno dipende fortemente dalle caratteristiche individuali di chi lo assume. A questo punto il lettore potrebbe essere portato a pensare che il problema possa essere facilmente aggirabile tramite la somministrazione di una dose più abbondante, in modo da sorpassare il valore soglia. Ma anche qui l'assassino corre un rischio, poiché più aumenta la dose di veleno, più è facile che la malcapitata vittima abbia dei sospetti, magari per il forte odore, per un colore insolito nella zuppa o un gusto aspro che lo insospettisca (anche semplicemente per via dell'istinto che ci porta a evitare di mangiare cibi andati a male), desistendo dall'assumere quella pietanza o quella bevanda.

Oltretutto, nel caso in cui la vittima cominciasse a sentirsi male, mostrando sintomi di un problema gastroenterico (il più comune segno di avvelenamento), è molto più probabile che entri rapidamente in allarme, e che abbia il tempo di chiamare i soccorsi. Non sono pochi, infatti, i casi di cronaca di avvelenamenti falliti, come quello accaduto nel 2021 in Pennsylvania, dove un ragazzo ha aggiunto del veleno per insetti nella salsa al pomodoro dei genitori provando a ucciderli, ma riuscendo di fatto solo a mandarli all'ospedale.

E allora, date queste premesse, perché parlare di veleni? Sebbene sia un evento raro e i metodi moderni per individuare le sostanze tossiche siano molto precisi, ultimamente le tecniche per produrre sostanze chimiche sono aumentate. Il problema è certamente diminuito nei secoli, ma è ancora lontano dall'essere scomparso. Basti pensare all'avvelenatore seriale degli anni Novanta, Graham Frederick Young, conosciuto anche come "L'avvelenatore delle tazze da tè", o ad Aleksej Naval'nyj, principale oppositore del presidente russo Vladimir Putin ritrovato morto a inizio del 2024, che è stato avvelenato più volte durante la sua vita.

Divulgare l'arte dei veleni può aiutare a diffondere consapevolezza, può aumentare il grado di sospetto in modo tale da rendere le indagini più efficienti e ridurre ulteriormente i venefici, ma serve anche a prevenire gli avvelenamenti accidentali. Perché, come affermato da uno dei più grandi tossicologi del nostro tempo, John Trestrail, «Tutte le morti senza segni visibili di trauma devono essere considerate un avvelenamento, finché i fatti non dimostrino il contrario».

In ultima analisi, i veleni non servono solo a uccidere. Oggi più che mai saper distinguere la sottile linea che separa farmaco e veleno è imprescindibile per poter capire che ogni veleno può celare un farmaco, e che a definirlo non è solamente la dose, ma la conoscenza.

Buona lettura.

REGNO I: L'ERBA DEL VICINO

Botanica delittuosa

Il regno vegetale, accanto a meraviglie che nutrono e curano, cela anche un lato oscuro e insidioso: veleni potentissimi, capaci di infliggere sofferenze e condurre alla morte se usati con intenti criminosi. Queste tossine rappresentano un'arma silenziosa, perché sono spesso invisibili a occhio nudo, ma non per questo sono meno letali. Tra queste, la ricina occupa un posto di rilievo per la sua efficacia e per il suo coinvolgimento in eventi di cronaca che hanno scosso l'opinione pubblica mondiale: questa potente tossina, estratta dai semi della pianta di *Ricinus communis*, è stata protagonista di tragici eventi, come l'omicidio del dissidente giornalista bulgaro Georgi Markov nel 1978, un caso che ha scosso il mondo e ha portato alla ribalta internazionale la letalità della ricina e la sua potenziale applicazione come arma omicida. La precisione e l'ingegnosità del metodo utilizzato per l'avvelenamento di Markov, tra l'altro, dimostrano la pericolosità della ricina anche in contesti di criminalità che normalmente non immagineremmo: spionaggio, tradimenti, sabotaggio chimico, bioterrorismo e intrighi internazionali!

Ma la ricina non è l'unico veleno di origine vegetale degno di nota. Il mondo delle piante offre un'ampia gamma di tossine, ognuna con le sue specifiche proprietà e meccanismi d'azione: in questo capitolo ne esploreremo diversi esempi affascinanti e curiosi, che hanno segnato la storia e la cultura umana – come la cicuta, tristemente nota per aver causato la morte di Socrate; o l'*Aconitum*, una pianta tanto bella quanto pericolosa, responsabile di diversi avvelenamenti con esiti fatali. Cercheremo di saperne di più delle complesse sostanze contenute nel papavero da oppio (*Papaver somniferum*), da cui si ricavano l'oppio e i suoi derivati, come la morfina e l'eroina, e parleremo delle proprietà tossiche della belladonna (*Atropa belladonna*), una pianta che contiene alcaloidi come l'atropina e la scopolamina, con effetti terribili sul sistema nervoso.

Addentriamoci allora nel mondo verdeggiante e misterioso dei veleni vegetali, alla scoperta delle loro proprietà chimiche, del loro ruolo nella storia e nella cultura, e dei loro impatti sulla salute umana, con meccanismi tanto complessi quanto letali…

Ricina

Tutta colpa di un ombrello

1978, LONDRA. Era un settembre particolarmente umido e piovoso, di quelli che ti fanno dimenticare la spensieratezza dei mesi estivi. Georgi Markov, un giornalista bulgaro di poco meno di cinquant'anni, parcheggiò la sua macchina alla stazione di Waterloo e si mise ad aspettare l'autobus che l'avrebbe portato alla BBC World Service nella Bush House, dove lavorava in quel periodo. All'improvviso, sentì un dolore acuto provenire dalla parte posteriore della gamba e udì un colpo simile a quello di una pistola ad aria compressa. Si voltò e vide un uomo alto, in piedi di fronte a lui, far cadere fragorosamente al suolo un lungo ombrello nero. L'uomo balbettò delle scuse con un forte accento straniero e salì frettolosamente su un taxi. Georgi Markov non lo sapeva ancora, ma era appena stato avvelenato con uno dei veleni più potenti al mondo: la ricina.

Dopo una giornata passata in ufficio tra giramenti di testa e nausee, rientrò nella sua casa a Balham e si rese conto che qualcosa non andava per davvero. Iniziò a vomitare e la febbre salì vertiginosamente. Il giorno dopo arrivarono i soccorsi, che lo trovarono riverso a terra agonizzante, e venne immediatamente ricoverato. Nelle ore seguenti le condizioni dello scrittore peggiorarono ulteriormente: la pressione sanguigna scese, mentre la conta dei globuli bianchi raggiunse il triplo del valore massimo. Georgi Markov si ricordò dell'acuto dolore alla gamba del giorno prima e lo comunicò ai medici, ma i raggi X non evidenziarono nulla. L'unico segno visibile era una piccola puntura, a cui i dottori non prestarono molta attenzione.

Continuò a vomitare sangue, i reni smisero di funzionare, i medici registrarono un'aritmia cardiaca. Markov non riuscirà mai a riprendersi: un arresto cardiaco gli portò via l'ultimo respiro. Erano passati solo quattro giorni da quando si era messo ad aspettare l'autobus.

Già a quei tempi la tossicologia forense, ovvero quella branca della tossicologia che si occupa di individuare la presenza di sostanze tossiche su materiale cadaverico, aveva un ruolo determinante nello stabilire le cause della morte, anche se le tecniche analitiche non erano così sensibili e specifiche come lo sono oggi. I medici si aspettavano di trovare tracce di veleno, dato che l'uomo prima di morire aveva mostrato i sintomi tipici dell'avvelenamento, come nausea, vomito e dolori addominali.

Durante l'autopsia non ne trovarono traccia, ma dopo attente analisi il patologo forense notò il piccolo foro sulla coscia di Markov. Incuriosito, andò più a fondo e scoprì qualcosa di insolito: sottopelle c'era una minuscola capsula metallica, dal diametro di 1,7 mm, «più piccola della testa di uno spillo», come riportò *The Guardian* all'epoca. Sulla superficie di quella capsula sferica erano presenti due fori che probabilmente in origine erano stati ricoperti da una sostan-

za oleosa, in grado di sciogliersi a 37 °C, la temperatura del corpo, e rilasciare quello che era contenuto all'interno della capsula stessa. Anche la scelta del materiale della sfera, ovvero una lega composta al 90% da platino e al 10% da iridio, non era stata casuale. La ricina, infatti, non reagisce con questa lega, e anche il corpo la tollera bene. I due fori ad angolo retto convergevano perfettamente verso il centro del minuscolo artefatto, in cui era stata deposta la mortale arma.

Moltissimi scienziati si riunirono per capire quale sostanza fosse stata inserita all'interno della capsula, dato che non ne trovarono alcuna traccia residua nel cadavere.

Scartarono quasi subito la possibilità che si trattasse di virus o batteri a causa della velocità dell'insorgenza degli effetti e dei valori del sangue, che in caso contrario avrebbe dovuto mostrarne la presenza. Altri veleni minerali risultarono incompatibili, date le dimensioni della sfera. Fu calcolato, infatti, che il marchingegno poteva contenere al massimo 500 mg di sostanza, e la dose letale di questi veleni è ben più alta. A questo punto restavano dunque solo i veleni vegetali. Per ottenere una conferma, venne addirittura iniettata della ricina in un maiale e furono osservati gli effetti. Il maiale mostrò sintomi clinici simili a quelli di Georgi Markov. La certezza non l'avremo mai, ma verosimilmente nei due fori erano stati inseriti 450 mg di ricina purificata.

La ricina è una delle tossine più pericolose al mondo, contenuta nei semi di *Ricinus communis L.* Si tratta di una pianta da fiore perenne della famiglia delle *Euphorbiaceae*, probabilmente originaria dell'Africa orientale e a oggi diffusa in tutte le zone subtropicali o a clima temperato. È stato stimato che servirebbero dai dieci ai venti semi per uccidere un individuo sano adulto, e pochi meno per un cane o un gatto. Tuttavia, l'avvelenamento casuale è estremamente raro, poiché bisognerebbe rompere il durissimo guscio esterno con i denti. Se ingeriti accidentalmente per bocca, con buone probabilità verrebbero espulsi dall'organismo intatti. Qualora venissero masticati, invece, la ricina verrebbe liberata e in parte assorbita tramite l'epitelio del tubo digerente, ma in gran parte distrutta durante la digestione. Le ingestioni di una dose fatale che hanno causato la morte sono infatti meno del 10%.

A oggi la pianta viene utilizzata per produrre il famoso olio di ricino, usato in passato come lassativo e oggi in ambito cosmetico o come lubrificante a livello industriale, che non contiene alcuna traccia di ricina naturalmente (vedi scheda identikit). L'olio commerciale è sottoposto a rigidi controlli di qualità e sicurezza prima di essere messo sul mercato. I semi vengono invece acquistati come souvenir decorativo dai turisti, o usati come segnapunti nei giochi da tavola.

La ricina è trecentottanta volte più tossica dell'agente nervino VX e addirittura mille volte più del cianuro, e non lascia praticamente alcuna traccia del suo uso nella vittima. Se i medici non avessero trovato la sfera, probabilmente non sarebbero mai risaliti alle possibili cause del decesso. In questo caso, il sicario aveva architettato un'ingegnosa arma: la capsula, contenente il veleno, era stata collocata sulla punta dell'ombrello in un piccolo contenitore ad aria compressa. Inoltre, quel giorno pioveva, quindi l'uomo passò del tutto inosservato agli occhi dei passanti. Una copia del *Bulgarian umbrella* e dell'ingegnoso meccanismo si può osservare ancora oggi all'International Spy Museum di Washington.

Le vie di somministrazione più pericolose della ricina sono quella endovenosa e inalatoria, poiché la sostanza è in grado di causare insufficienza respiratoria e collasso cardiovascolare nel giro di poche ore. Georgi Markov morì dopo appena qualche giorno «lentamente e dolorosamente», poiché l'iniezione sottocutanea rallentò considerevolmente la velocità di assorbimento del veleno.

Lo scrittore in quegli anni si era fatto non pochi nemici, e il ritrovamento della sfera chiarì ogni dubbio: non si era trattata di una morte naturale, bensì di un assassinio. Georgi Markov, nato nel 1929 a Sofia, in Bulgaria, per tutta la sua vita difese la libertà d'espressione, che invece mancava nel suo Paese, dal 1946 sotto il giogo di un regime comunista fortemente autoritario. Dopo il suo trasferimento a Londra, partecipò regolarmente a una trasmissione radiofonica fondata dalla CIA in cui parlava del regime corrotto bulgaro. La sua propaganda anticomunista venne però presto messa a tacere: il mandante si scoprì in seguito essere proprio il ministro degli Interni bulgaro, Dimiter Stoyanov.

C'è posta per te

2013, CASA BIANCA. Shannon Guess Richardson, una giovane attrice nota per le sue apparizioni nelle serie televisive *The Walking Dead* e *The Vampire Diaries*, a giugno del 2013 si reca dalla polizia con un'accusa. Aveva finalmente trovato il colpevole delle lettere avvelenate inviate al presidente degli Stati Uniti Barack Obama: suo marito. All'interno di quelle lettere erano state rilevate tracce della mortale ricina.

Barack Obama, durante i suoi anni di presidenza, ha ricevuto moltissime lettere avvelenate con la ricina, sempre intercettate per tempo dall'ufficio postale dei servizi segreti della Casa Bianca. Solo ad aprile di quello stesso anno un altro uomo, James Everett Dutschke, era già stato arrestato per il possesso e invio della ricina per posta al presidente e a un altro senatore (in seguito l'indagato si dichiarerà colpevole e verrà condannato a venticinque anni di prigione).

La signora Richardson sembrava dunque portare un caso simile agli occhi degli inquirenti, eppure qualcosa non li convinceva del tutto. In alcuni Stati degli USA, come il Texas, dove viveva l'attrice, vi è un macchinario che può essere utilizzato a supporto delle indagini di polizia, seppur tra molte contestazioni: il poligrafo, altrimenti noto come "macchina della verità".

Dopo aver sottoposto Shannon Richardson a un esame, il poligrafo aveva rivelato alcune anomalie. Le successive indagini diedero ragione alla polizia: nei computer della coppia vennero ritrovati i testi delle lettere inviate al presidente. Dicevano: «Dovrai uccidere me e la mia famiglia prima di prendere le mie armi. Il diritto di portare armi è un diritto costituzionale che Dio mi ha dato. Quello che c'è in questa lettera non è niente in confronto a quello che ho pianificato per te». Tuttavia, il marito aveva un alibi di ferro, quindi la colpa ricadde presto sulla signora. Dopo molti interrogatori, ammise di aver effettivamente stampato lei quelle lettere, ma solo perché costretta dal marito. Costui negò ogni accusa, avvertendo gli inquirenti che la donna cercava di manipolarli. A giugno di quell'anno la coppia divorziò.

I registri mostrarono poi che la signora Richardson aveva acquistato online dei semi di ricino e che le tre buste incriminate erano state imbucate a circa centoquaranta chilometri dalla loro abitazione. Alla fine, la donna si arrese e confessò i crimini commessi. Dopo patteggiamento, il giudice la condannò a diciotto anni di prigione e al risarcimento di una somma pari a 367.000 dollari.

Non è un caso che coloro che avevano pensato di uccidere l'ex presidente degli Stati Uniti abbiano tutti scelto di inviare la ricina per posta: una delle vie di somministrazione più pericolose di questa sostanza è infatti proprio quella inalatoria. A sole quattro-otto ore dall'inalazione possono già sopraggiungere sintomi importanti: si manifestano difficoltà a respirare, tosse, nausea e dolore al petto. I liquidi cominciano ad accumularsi nei polmoni (condizione nota come edema polmonare), rendendo la respirazione ancora più difficile; la pelle diventa bluastra, la febbre sale. Dal momento che non esiste un antidoto specifico, se al paziente non viene fornita immediata assistenza medica, sopraggiunge in breve tempo la morte per insufficienza respiratoria.

Il semplice tocco della sostanza con le dita, invece, può provocare un arrossamento della pelle, ma non un avvelenamento importante, dato che l'assorbimento cutaneo della ricina è del tutto trascurabile (a meno che ovviamente non si portino le mani alla bocca e la si ingerisca dunque per via orale). Nel caso delle lettere contenenti ricina, è sicuramente opportuno indossare dei guanti protettivi nel caso in cui venga prontamente identificata la sostanza sospetta, ma il pericolo principale deriva dall'eventuale inalazione.

Il primo caso di avvelenamento postale tramite ricina avvenne nell'ottobre 2003, quando qualcuno, dietro lo pseudonimo di *Fallen Angel* (letteralmente "Angelo Caduto"), inviò delle lettere contenenti delle fiale di ricina accompagnate da minacce. Nelle lettere si chiedeva di abolire le nuove leggi che avevano ridotto il tempo massimo lavorativo per i camionisti che percorrevano lunghe distanze: se non fosse accaduto, scriveva Fallen Angel, sarebbero arrivate altre lettere alla ricina, ancora e ancora, fino a trasformare il D.C. in una città fantasma.

Nel 2001 l'America era già stata colpita dai noti casi di avvelenamento postale tramite antrace, che avevano portato alla morte di cinque persone. L'ufficio di preselezione delle lettere destinate alla Casa Bianca aveva dunque rafforzato il livello di sicurezza, introducendo un sistema di irradiazione delle buste che distruggesse ogni eventuale patogeno presente, anche se a oggi i CDC (*Centers for Disease Control and Prevention*) ritengono che questo metodo abbia effetti molto limitati sulla sostanza. Attualmente esistono in commercio molti kit che, sfruttando degli enzimi, riescono a identificare la presenza di ricina su materiale contaminato. Inoltre, la polvere viene prima analizzata da un microscopio elettronico per stabilire se la dimensione delle particelle è idonea all'inalazione.

Il quantitativo ritrovato nelle lettere inviate al presidente, tuttavia, non era abbastanza elevato per essere considerato pericoloso, e a oggi i tentativi di avvelenamento postale sono tutti falliti.

Polvere bianca

ANNI NOVANTA, AFGHANISTAN. Lo chiamavano "Il Chimico", ma il suo vero nome era Menad Benchellali. Stiamo parlando di un giovane ragazzo «magro e barbuto», secondo la descrizione del *Washington Post*. Cresciuto in un quartiere malfamato di Lione, fin da bambino dovette assistere agli scontri tra il governo francese e suo padre, originario dell'Algeria e di religione musulmana. Verso la fine degli anni Novanta, per motivi ancora ignoti, si recò in un campo di addestramento di al-Qaida in Afghanistan e qui divenne un vero esperto di veleni. Faceva parte di un gruppo selezionato di reclute che studiava possibili armi biologiche, e venne presto addestrato nella produzione della tossina botulinica e della ricina. Nel 2001, non appena tornò in Francia, allestì un laboratorio clandestino nella camera degli ospiti a casa dei genitori.

Dato il laboratorio improvvisato, il Chimico dovette arrangiarsi con il materiale che aveva a disposizione. I semi venivano frantumati nel macinacaffè, gli ingredienti venivano mescolati in un grande recipiente da cucina, e la pastella ottenuta veniva versata su dei giornali di carta e lasciata lì ad asciugare. Dato che i fumi prodotti durante il processo erano tossici, era costretto a lavorare con le finestre sempre aperte e, per non destare sospetti, lo faceva solamente quando calava la luce del sole. La polvere bianca ottenuta veniva poi conservata in vecchi barattoli di crema per il viso e in flaconi da 70 cl. Questi venivano poi consegnati a un chimico (questa volta per davvero) locale, che aveva il compito di conservarli fino a successivo ordine. Il numero totale di barattoli prodotti è, a oggi, ancora sconosciuto. I genitori, assieme al fratello e ad altri famigliari, confesseranno in seguito di averlo aiutato a produrre la ricina contribuendo all'acquisto di diversi ingredienti, tra cui acetone e altre sostanze chimiche.

Da buon "chimico" era molto interessato alla sperimentazione, e il suo lavoro non si limitava semplicemente alla produzione di ricina: tra i suoi progetti segreti più ambiziosi c'era anche la messa a punto di una nuova ricetta che aveva imparato all'estero, ovvero una miscela tra la tossina botulinica e la ricina. Per fortuna, i suoi esperimenti non fecero in tempo a essere conclusi, poiché venne arrestato nel 2002.

Al-Qaida ha sempre avuto un forte interesse per le armi biologiche e chimiche: basti pensare a quando, nel 2001, le forze statunitensi scoprirono e distrussero completamente due centri in Afghanistan che stavano producendo cianuro, tossina botulinica, salmonella e antrace. La ricina, tuttavia, non è l'arma biologica per elezione, nonostante venga studiata per questo uso fin dagli anni Novanta. In teoria, per via di alcune sue caratteristiche specifiche, si presterebbe molto bene ad attacchi terroristici: anzitutto, il *Ricinus communis*, nei cui semi è contenuta la ricina, è geograficamente molto diffuso – lo si può trovare in quasi tutto il mondo sia come pianta ornamentale sia come flora selvatica. Inoltre, la tecnologia per produrre la ricina è relativamente semplice e il prodotto ottenuto risulta piuttosto stabile. L'aspetto più importante di tutti, però, è quello che avete già avuto modo di intuire: è molto tossica. E non esistono antidoti specifici.

A oggi, comunque, non sono noti attacchi su media o larga scala che abbiano vista coinvolta la ricina. Il motivo risiede in diversi fattori limitanti. Innanzitutto, le particelle, per essere inalate, devono essere di una dimensione idonea. Inoltre queste particelle, una volta in aria, tendono ad aggregarsi, risultando così molto pesanti e rendendo dunque molto difficile la dispersione tramite aerosol in un'area aperta. Questo significa che, per raggiungere le dosi necessarie, servirebbero tonnellate di ricina; e bisogna anche considerare che le ricette casalinghe, oltretutto, non sono in grado di produrre un prodotto sufficientemente puro da causare vittime di massa. Senza contare che rimane una sostanza strettamente controllata in molti Paesi. Nonostante i numerosi tentativi, quindi, un attacco terroristico a base di ricina rimane oggi un'ipotesi alquanto remota (per fortuna).

Complessivamente, la ricina si rivela una tossina affascinante, che suscita un livello di allarme molto più elevato rispetto al suo reale pericolo come arma di distruzione di massa. I casi di omicidio nella storia sono, infatti, legati principalmente a singoli episodi. Nonostante la sua brutta fama, che come sempre è dura a morire, questa proteina ha tuttavia molte potenzialità in ambito medico: basti pensare che sono attualmente in corso degli studi che esplorano il suo potenziale nell'uccidere le cellule tumorali.

Un'ultima curiosità: la ricina ha avuto anche una certa fama "cinematografica" come protagonista di diversi episodi della serie televisiva *Breaking Bad*. Compare infatti nella seconda, terza, quarta e anche quinta (nonché ultima) stagione, sempre in modalità di assunzione diverse. Viene somministrata (o almeno ci provano) nei modi più originali, anche se spesso però i tentativi non portano alla morte dei personaggi. Perciò, mi dispiace deludervi: le sigarette alla ricina, a quanto pare, non sono così infallibili come potrebbero sembrare...

Olio di ricino (e manganello)

1919, FIUME. Dalla pianta di *Ricinus communis* si ottiene un prodotto molto noto e usato fin dai tempi più antichi: l'olio di ricino. Questo prodotto è praticamente privo di ricina, in quanto viene opportunamente sottoposto a processi di purificazione e raffinazione che lo rendono sicuro per il consumatore.

Ha un odore pungente, da molti definito sgradevole, e ha un colore che può variare dal giallo pallidissimo, quasi trasparente, al marrone. Trova uso già nell'antico Egitto: in un trattato medico egiziano, il *Papiro Ebers*, è presente un capitolo intero dedicato all'olio di ricino e al suo impiego contro la calvizie, come rimedio abortivo o come lassativo.

Questo olio ha infatti delle caratteristiche uniche in natura: l'acido ricinoleico, contenuto al suo interno, va ad agire sull'intestino tenue, aumentando la peristalsi intestinale e favorendo l'espulsione delle feci, qualificandosi dunque come un efficace purgante.

Ma i suoi mille usi non finiscono qui. Dal momento che da sempre è diffusa l'idea che ciò che è naturale fa bene per definizione, si è iniziato a usare l'olio di ricino come rimedio per i malanni più disparati (e pericolosi).

Si registra che nel 2009 un medico senza licenza utilizzò l'olio di ricino come filler per aumentare il volume di glutei e fianchi di una persona transessuale di ventotto anni. La paziente accusò subito dolore locale al sito di iniezione, ma anche dolore toracico, mal di testa e vomito. Il giorno dopo si recò al pronto soccorso: i 500 ml di olio di ricino che le erano stati iniettati avevano provocato in poche ore un'insufficienza multiorgano che la costrinsero a un ricovero ospedaliero di oltre dieci giorni, e a una dialisi per un altro mese e mezzo.

Ma sono sicura che molti di voi ricorderanno l'olio di ricino per un altro famoso e triste uso che risale al secolo scorso, ovvero come mezzo di tortura. E il primo personaggio a utilizzarlo come tale fu nientemeno che Gabriele D'Annunzio. Nel 1919 sbarcò con una banda di avventurieri a Fiume (città che oggi si chiama Rijeka, in Croazia), riuscendo a occuparla e a regnarci come Duce per ben quindici mesi. Qui, per la primissima volta secondo le testimonianze, l'olio di ricino venne usato per torturare i dissidenti. A causa della sua potente azione lassativa, infatti, l'intestino dei nemici si svuotava immediatamente, sottoponendo i malcapitati a una pesante umiliazione pubblica.

Qualche anno più tardi le camicie nere cominciarono a usare lo stesso metodo di tortura contro gli oppositori politici. Questi ultimi dovevano bere a forza la purga del sovversivo, ovvero ben 75 ml di olio di ricino tutto d'un fiato, con i pantaloni legati a forza da una corda per impedir loro di sfilarseli, mentre ricevevano manganellate su tutto il corpo. Oltre a soffrire per gli atroci crampi intestinali, gli opponenti al regime erano così costretti a mostrarsi ricoperti dalle proprie deiezioni davanti agli occhi di tutti. È proprio da questa tortura che è nata l'espressione "manganello e olio di ricino".

Nonostante questo triste capitolo della storia, si continuò negli anni successivi a utilizzare l'olio di ricino come lassativo, naturalmente in dosi meno elevate, per le sue proprietà purgative. Tuttavia, anche un suo uso ridotto si è rivelato pericoloso a causa dei numerosi effetti collaterali, che hanno fatto sì che venisse abbandonato quasi del tutto: a lungo andare, infatti, l'olio di ricino può danneggiare la funzione contrattiva della muscolatura del colon e provocare diarrea, disidratazione e malassorbimento.

A oggi viene però ancora usato come lubrificante industriale, e in qualche preparato farmaceutico. Anche in campo cosmetico ne viene ampiamente promosso l'uso, vantandone proprietà miracolose nella ricrescita di ciglia e sopracciglia... proprietà che, però, non trovano alcun riscontro nella letteratura scientifica.

IDENTIKIT

Ricina (*Ricinus communis L.*)

FORMA FISICA

La ricina è prodotta da molte piante presenti in natura, ma la concentrazione è talmente bassa da non porre alcun problema rilevante. Tuttavia, la pianta *Ricinus communis L.* ne produce in abbondanza, soprattutto nei semi, probabilmente per allontanare i predatori. Una volta che i semi germogliano, la tossina sparisce. Si può trovare sotto forma di polvere o pellet, oppure può essere disciolta in acqua o acido debole.

VIE DI SOMMINISTRAZIONE

Orale, inalatoria, endovenosa.

Se i semi vengono ingeriti con il guscio intatto, il rischio è minimo. Il pericolo sussiste maggiormente quando i semi vengono masticati. Se ingeriti accidentalmente per bocca, i semi vengono facilmente espulsi dall'organismo intatti grazie al loro duro tegumento. Qualora masticati, invece, libererebbero la ricina, che in parte si legherebbe all'epitelio del tubo digerente e arriverebbe nel circolo ematico, raggiungendo vari organi. Tuttavia, solo meno del 10% delle ingestioni di una dose fatale di semi portano alla morte poiché gran parte della proteina viene ampiamente distrutta durante la digestione.

Le vie di somministrazione inalatoria ed endovenosa sono letali a una dose più bassa di quella orale. La morte può sopraggiungere entro 36-72 ore dall'esposizione, a seconda della dose e della via di somministrazione.

DOSE LETALE

LD_{50}: 0,1 μg/kg. Altri fattori come l'interazione con altri farmaci, il peso corporeo dell'individuo o il sesso, ma anche la forma fisica della sostanza (in soluzione o in polvere), possono influenzare la dose letale. La maggior parte dei dati esistenti è stata estrapolata dai dati sugli animali poiché non si hanno a disposizione sufficienti dati sull'uomo.

Dieci-venti semi assunti per via orale sono sufficienti per uccidere un uomo adulto, e ne basta appena qualcuno in meno per un cane o un gatto. Nel bambino la dose letale è di tre-sei semi. Le galline e le anatre sono invece molto resistenti alla sostanza. La tortora tamburina (*Turtur tympanistria*) è totalmente immune.

È la quinta tossina più letale al mondo (ai primi quattro posti abbiamo le tossine botulinica, shiga, tetanica e abrina). L'avvelenamento involontario è altamente improbabile.

EFFETTI

Se viene ingerita, si hanno gradualmente sintomi gastrointestinali (perdita di appetito, nausea, vomito e diarrea, anche sanguinolenti in caso di dosi elevate) che possono portare a disidratazione, riduzione della pressione sanguigna, convulsioni, ed entro sei-otto giorni il fegato, la milza e i reni possono smettere di funzionare.

Se viene inalata, si hanno irritazione, difficoltà respiratorie, tosse, febbre, sudorazione eccessiva, letargia, nausea e dolore al petto. I liquidi si accumulano nei polmoni (edema polmonare) rendendo la respirazione ancora più difficile e la pelle diventa bluastra. La raccolta dei semi di ricino può inoltre provocare asma e allergie a causa della grandissima quantità di polline prodotta dalla pianta.

Se viene iniettata, si ha dolore al sito di iniezione, febbre, nausea, emorragia, insufficienza d'organo e infine morte. Se entra in contatto con pelle e occhi, può provocare arrossamento e dolore.

ANTIDOTO

Non esistono antidoti. Negli ultimi anni, la ricerca si è concentrata molto nello sviluppo di vaccini per riuscire a gestire l'avvelenamento da ricina. Attualmente, l'azienda Soligenix sta pianificando di avviare uno studio clinico di fase 2 per il candidato vaccino proteico RiVax®. Questo vaccino utilizzerebbe una componente proteica inattivata e modificata della tossina della ricina, in modo tale da andare a stimolare la risposta anticorpale. Il candidato vaccino sarebbe stabile anche a temperature elevate e per lunghi periodi di tempo.

RIMEDI

Se si sospetta di essere entrati in contatto con la sostanza per via aerea, è opportuno allontanarsi prontamente dall'area in cui è stata rilasciata, togliersi i vestiti (che andranno poi smaltiti separatamente), lavare tutto il corpo abbondantemente con acqua e sapone e chiamare i soccorsi (centro antiveleni regionale o pronto soccorso). Se è stata assunta per via orale, non indurre il vomito e non bere liquidi. Il trattamento ospedaliero deve essere tempestivo (entro le quattro ore) ed è puramente di supporto.

CURIOSITÀ

I semi di ricino vengono usati per produrre l'olio di ricino, ricco di acido ricinoleico, con numerose applicazioni in ambito farmaceutico, cosmetico o industriale (come lubrificante). Se l'olio viene ottenuto mediante il processo di spremitura a caldo (metodo usato soprattutto per produrre l'olio di tipo industriale), i semi vengono scaldati a 140 °C per circa venti minuti, il che fa inattivare gran parte della proteina tossica ricina, e poi pressati. L'olio viene ulteriormente raffinato per rimuovere le impurità. Se invece si utilizza la spremitura a freddo (metodo più comunemente usato in ambito farmaceutico e cosmetico in quanto consente di ottenere un olio di qualità più alta), il liquido non conterrà comunque la ricina, poiché questa è concentrata principalmente nella parte proteica dell'endosperma del seme e non è solubile in olio. Inoltre, per precauzione, l'olio viene ulteriormente filtrato e raffinato per garantire un prodotto finale di qualità. I prodotti presenti in commercio sono sottoposti a rigidi controlli per garantirne la sicurezza e vengono preparati da personale altamente qualificato. Un altro metodo per ottenere l'olio di ricino è tramite l'utilizzo di solventi. Dall'endosperma del seme si può estrarre la ricina, ma si tratta di un procedimento laborioso e molto pericoloso, che può essere effettuato solo da laboratori specializzati.

Cicuta

Il calice della condanna

399 A.C., ATENE. *E Critone, allora, udendolo, fece cenno a un servo che gli stava da presso. Questi uscì e dopo un po' tornò con l'uomo che, in una ciotola, portava già tritato il veleno che doveva somministrargli. «Tu, brav'uomo, che sei pratico di queste cose» disse Socrate vedendolo, «cos'è, allora, che bisogna fare?»*
«Nient'altro che bere e poi passeggiare un po' per la stanza finché non ti senti le gambe pesanti; poi ti metti disteso e così farà il suo effetto.»
Così dicendo porse la ciotola a Socrate. Lui la prese con tutta serenità, senza alcun tremito, senza minimamente alterare colore o espressione del volto, ma guardando quell'uomo, come era solito, con quei suoi occhi di toro.
«Che ne dici di questa bevanda, se ne può fare libagione a qualcuno? È permesso?»
«Socrate, noi ne tritiamo la giusta quantità che crediamo serva per bere.»
«Capisco, ma pregare gli dèi che il trapasso da qui all'aldilà

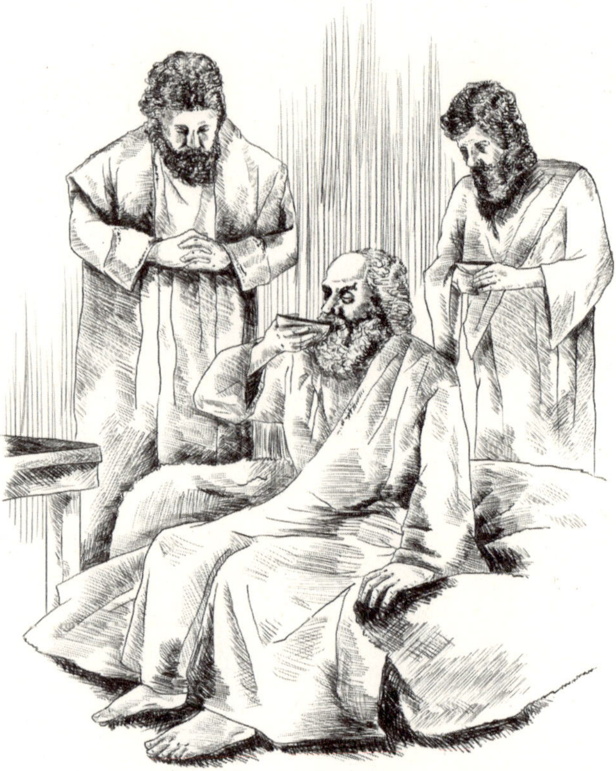

avvenga felicemente, questo mi pare sia lecito; questo io prego e così sia.»

Così dicendo, bevve fino in fondo, molto tranquillamente e di buon grado.

[...] Egli, allora, andò un po' su e giù per la stanza, poi disse che sentiva le gambe farsi pesanti e così si stese supino come gli aveva detto l'uomo e questo, intanto, toccandolo di quando in quando, gli esaminava le gambe e i piedi, e a un tratto, premette forte un piede chiedendogli se sentisse. Rispose di no. Dopo un po' gli toccò le gambe, giù in basso e poi, risalendo man

mano, sempre più in su, facendoci vedere come si raffreddasse e si andasse irrigidendo. Poi, continuando a toccarlo, disse che quando fosse giunto al cuore, allora se ne sarebbe andato. Egli era già freddo, fino all'addome, quando si scoprì (s'era, infatti, coperto) e queste furono le sue ultime parole: «Critone, dobbiamo un gallo ad Asclepio, dateglielo, non ve ne dimenticate».

Così Platone descrive gli ultimi attimi di vita del grande filosofo Socrate. Ma qual era la bevanda contenuta nel calice della condanna?

Oggi sappiamo che probabilmente si trattava di un infuso ricavato da alcune foglie di cicuta e altri ingredienti (come oppio e datura). Eppure, analizzando i sintomi descritti da Platone, qualcosa sembra non tornare.

Quando Socrate chiede che cosa bisognasse fare con quel veleno, gli viene risposto che non doveva fare altro che berlo e passeggiare per la stanza finché le gambe non si fossero fatte pesanti: sintomo piuttosto insolito per un avvelenamento da cicuta.

Nei Paesi del Mediterraneo, troviamo tre diversi tipi di cicuta velenosa: la cicuta maggiore (*Conium maculatum*), la cicuta minore (*Aethusa cynapium*) e la cicuta acquatica (*Cicuta virosa*), alquanto rara. Sembra che quella presente nella bevanda di Socrate fosse la cicuta maggiore, che contiene otto alcaloidi piperidinici; tra essi, il più tossico è l'alcaloide coniina o cicutina, una neurotossina utilizzata dalla pianta per difendersi dagli insetti, ma che se ingerita dall'uomo provoca paralisi muscolare e morte per asfissia (a causa, appunto, della paralisi dei muscoli respiratori). Tra gli altri sintomi da intossicazione si contano quelli gastrointestinali, ossia nausea, vomito e diarrea; aumento del battito cardiaco, tremori e pupille dilatate; confusione mentale e difficoltà di articolazione; e rabdomiolisi, ovvero disgregazione muscolare. Platone descrive invece la perdita di sensibilità degli arti e una morte veloce, quasi indolore. Anche questo non coincide: il decesso in seguito all'avvelenamento da cicuta è molto doloroso. Inoltre, questa pianta ha un gusto sgradevole, dettaglio completamente omesso nel dialogo. L'odore caratteristico della pianta, che ricorda quello dell'urina di topo, può essere in realtà un espediente molto utile che potrebbe salvarci la vita: la cicuta viene infatti spesso confusa con altre piante dal simile aspetto, come il prezzemolo, il finocchio o la pastinaca, provocando avvelenamenti mortali. Se non si è pratici nell'identificare le erbe selvatiche a colpo d'occhio, l'odore potrebbe dunque fungere da prezioso campanello di allarme.

Gli avvelenamenti più frequenti a opera di questa pianta, però, sono quelli secondari. Se ne narra già nell'Antico Testamento, quando gli israeliti, a un certo punto, si stufarono di mangiare la manna, ovvero la sostanza miracolosamente offerta da Dio come cibo nel deserto, e iniziarono a catturare e mangiare quaglie, nonostante il disappunto del Signore. L'intero popolo fu immediatamente colpito da un'epidemia, con sintomi quali nausea, vomito e rabdomiolisi, molto simili a quelli provocati dall'intossicazione da cicuta. In primavera, infatti, le quaglie si nutrono dei germogli appena spuntati di questa pianta ma, a differenza degli umani, sono a essa completamente immuni. Le tossine si accumulano però nella carne, e non vengono inattivate né dal congelamento né dalla cottura, col rischio di provocare dunque un avvelenamento secondario, che oggi chiamiamo coturnismo. In Italia, tra il 1972 e il 1990, sono stati registrati ben diciassette casi; tutti i pazienti avevano mangiato carne di uccello avvelenata.

Che cosa ha dunque ucciso Socrate? Le ipotesi più accreditate riportano che il filosofo si sia effettivamente avvelenato mortalmente con la cicuta, ma che a essere imprecisa sia la traduzione del testo di Platone arrivata ai giorni nostri, oppure che si sia trattato di un tentativo di Platone stesso di rendere più "nobile" la morte di un personaggio che rimarrà per sempre nella storia.

Anche se la cicuta è una pianta nota per la sua tossicità, i suoi alcaloidi mostrano di avere anche possibili proprietà analgesiche, rendendola oggetto di svariate ricerche in ambito farmacologico: la vecchia frase di Paracelso, a quanto pare, continua a mostrare la sua verità.

IDENTIKIT

Cicuta (*Conium maculatum L.*)

FORMA FISICA

La cicuta maggiore, detta anche cicuta di Socrate, è una pianta originaria dell'Europa, Africa settentrionale e Asia temperata, appartenente alla famiglia delle *Apiaceae*. Tutta la pianta è velenosa, specialmente i frutti immaturi e le foglie. È una pianta erbacea che può raggiungere i 2,5 metri di altezza, è caratterizzata da ombrelle di fiori bianchi e predilige i terreni umidi e ombrosi. Ha un odore nauseabondo.

VIE DI SOMMINISTRAZIONE

Orale o cutanea.

DOSE LETALE

Il principio tossico è la coniina o cicutina, un liquido giallastro poco solubile in acqua. La dose letale varia a seconda della specie. Per le mucche, per esempio, la pianta fresca è letale alla dose di 5,3 g/kg di peso corporeo, mentre per le pecore alla dose di 10 g/kg di peso corporeo. Nell'uomo sono sufficienti dalle sei alle otto foglie fresche, pari a circa 750 mg di coniina.

EFFETTI

Contiene otto alcaloidi pipiridinici, responsabili della sua tossicità. L'alcaloide più tossico è la coniina o cicutina, un antagonista nicotinico del recettore dell'acetilcolina, che porta all'inibizione del sistema nervoso. Se ingerita può provocare aumenti del battito cardiaco, tremori, diminuzione della temperatura corporea, vomito, diarrea, sudorazione, paralisi muscolare, rabdomiolisi e coma. La morte

nei mammiferi avviene per paralisi respiratoria. In passato veniva applicata sulla cute come analgesico o assunta per via orale come antidoto per la stricnina.
L'avvelenamento può anche essere indiretto, tramite il consumo di carni di uccello avvelenate (coturnismo).

ANTIDOTO
Non esiste un antidoto specifico.

RIMEDI
Decontaminazione gastrointestinale. Chiedere assistenza immediata.

CURIOSITÀ
Fino al 1934 la cicuta era presente nel *British Pharmaceutical Codex* perché si credeva, erroneamente, che potesse migliorare l'asma, la pertosse e l'epilessia.

Aconito

The curry killer

2009, LONDRA. Una sera di gennaio Lakhvinder Cheema detto "Lucky", un uomo sulla quarantina, stava cenando in compagnia della sua giovane futura sposa, Gurjeet Choongh. Il matrimonio era stato programmato per il giorno più romantico dell'anno: San Valentino. I due si conoscevano da appena qualche mese, ma l'intesa era stata subito molto forte e il progetto di avere una famiglia aveva preso presto forma.

A cena iniziarono a discutere degli ultimi preparativi per le nozze e Lucky, particolarmente affamato, si servì di una seconda porzione di pollo al curry. Finché le cose improvvisamente precipitarono. Lucky iniziò a perdere sensibilità al viso, cominciò a gridare che non vedeva più nulla, e Choongh, la fidanzata, iniziò ad accusare sintomi simili. I dolori allo stomaco si fecero più intensi; i due iniziarono a vomitare, tutto appariva offuscato, stare in piedi era diventata una fatica enorme. L'uomo riuscì per un pelo a chiamare l'ambulanza e a dire: «Qualcuno ha avvelenato il nostro cibo. Non ho dubbi: è stata la mia ex».

Prima di Choongh, Lucky aveva frequentato per sedici anni un'altra donna, Lakhvir Kaur Singh, madre di tre figli e con un matrimonio fallito alle spalle. La donna era profondamente innamorata di Lucky e, quando aveva saputo della nuova fidanzata, aveva perso la testa e cercato in tutti i modi di convincerlo a non compiere il grande passo. La stampa disse che lo aveva "bombardato" letteralmente di messaggi, dicendogli che le aveva spezzato il cuore. Lucky aveva allontanato con forza le pressioni della donna, e le aveva chiesto di lasciare lui e la promessa sposa in pace. Singh era dunque partita per un lungo viaggio in India, ed era tornata tre settimane dopo con un souvenir: l'*Aconitum ferox*.

L'*Aconitum* è una pianta tanto bella quanto velenosa, appartenente alla famiglia delle *Ranunculaceae*. Vi sono più di cento specie, ma quella più conosciuta è l'*Aconitum napellus*, caratterizzato da bellissimi fiori penduli di un intenso colore viola. La forma dei fiori, a casco o a cappuccio, ha fatto sì che diventasse nota con il nome di "cappuccio di monaco". La pianta è diffusa nelle regioni montuose dell'emisfero settentrionale, soprattutto Alpi e Appennini.

Contiene molti alcaloidi tossici. La tossina mortale è l'aconitina, ma anche gli altri alcaloidi come la mesaconitina e la ipaconitina, presenti soprattutto in altre specie, sono molto tossici. L'*Aconitum napellus* è noto per la sua tossicità fin dai tempi più antichi e viene ricordato come la prima pianta velenosa della mitologia greca: si narra che mentre Cerbero, il mostruoso cane a tre teste, attraversava la Grecia trascinato da Ercole, i semi di questa pianta vennero dispersi nel terreno dalla sua bava spumeggiante.

La pianta compare anche nelle *Metamorfosi* di Ovidio, usata da Medea per uccidere Teseo, figlio del re Egeo. Più avanti, all'epoca dell'imperatore Traiano, l'uso dell'aconito era così diffuso che ne venne vietata la coltivazione in tutti i giardini domestici romani.

L'altra specie conosciuta è l'*Aconitum ferox*, nota anche come "erba indiana" o "aconito dell'Himalaya", dato che cresce sui terreni rocciosi alle quote molto elevate di quella catena montuosa, ed è addirittura più tossica dell'*Aconitum napellus*. Viene usata nella medicina tradizionale ayurvedica da secoli.

Dalle ricostruzioni della polizia, sembra che Singh fosse riuscita a intrufolarsi a casa dei futuri coniugi mentre questi erano al lavoro, si fosse diretta subito in cucina e avesse aperto il frigorifero. Qui avrebbe trovato un Tupperware con del curry e avrebbe deciso di cospargerlo copiosamente con polvere di *Aconitum ferox*.

Il primo a sospettare di lei fu ovviamente l'ex fidanzato, che era a conoscenza della sua gelosia cieca e riluttanza al nuovo matrimonio, tanto che già nel chiamare i soccorsi fece il nome dell'ex fidanzata. Quando la polizia poi iniziò a indagare sulla donna, non ci furono più dubbi: le trovarono tracce di *Aconitum ferox* nella tasca della giacca e nella borsa, anche se lei si difese dicendo che si trattava semplicemente di un'erba medicinale. Sfortunatamente, Lucky morì un'ora dopo il ricovero. La fidanzata rimase in coma per due giorni, ma alla fine riuscì a salvarsi, probabilmente grazie alla minore quantità di cibo (e quindi di veleno) ingerita. Lakhvir Kaur Singh, invece, fu condannata a ventitré anni di carcere.

Risalire all'aconito come arma del delitto non fu di certo una passeggiata per gli agenti, trattandosi di un espediente assai insolito; basti pensare che l'ultimo caso di omicidio avvenuto con la stessa pianta risaliva al 1881, cioè più di cento anni prima. All'epoca George Henry Lamson, un medico inglese, si trovava in grave difficoltà economica: soffriva di dipendenza da morfina, e aveva bisogno di denaro in breve tempo. Così, per ovviare al problema, pensò di ottenere fondi dal cognato disabile, un certo Percy Malcolm John: un pomeriggio, all'ora del tè, gli portò una torta di datteri e si fermò a casa sua a chiacchierare amichevolmente. Non appena l'ospite risalì sul treno di ritorno, John cominciò a sentirsi male e morì di lì a poco. Si scoprì in seguito che alla torta era stato aggiunto l'aconito: il medico venne incastrato e impiccato il 28 aprile 1882.

Nonostante la sua nota pericolosità, l'*Aconitum* viene usato nella medicina tradizionale cinese da più di duemila anni. Gli usi sono svariati: dal trattamento dell'artrite reumatoide, all'asma bronchiale fino addirittura ai tumori. Tramite metodi di lavorazione tradizionali cinesi, chiamati *páo zhì*, gli alcaloidi tossici possono essere scomposti in derivati meno tossici, anche se tuttavia il rischio di intossicazione persiste. Per aumentare la sicurezza del prodotto si potrebbero applicare dei metodi di controllo di qualità più accurati, associati a una regolamentazione più rigorosa, in modo tale da prevenire gli avvelenamenti mortali che si verificano ogni anno (dal 1993 al 2005 ci sono stati cinquemila casi di avvelenamento da *Aconitum* in Cina, Giappone e Germania, con la prevalenza di eventi mortali in Cina). Inoltre, è bene evitare qualsiasi preparazione casalinga di prodotti a base di *Aconitum*: tanto per fare un esempio, nel 2022 in Cina cinque persone sono morte dopo aver bevuto un liquore fatto in casa a base di questa pianta, in occasione di un pranzo di compleanno. In Europa, però, viene ancora usato in alcune preparazioni omeopatiche.

IDENTIKIT

Aconito (*Aconitum napellus* e *ferox*)

FORMA FISICA

Questo genere di piante appartiene alla famiglia delle *Ranunculaceae*. Vi sono diverse specie di *Aconitum*; la più conosciuta è l'*Aconitum napellus*, chiamata anche "cappuccio di monaco" o "erba del diavolo", descritta come la prima pianta velenosa nella mitologia greca. È la pianta più velenosa in Europa e cresce sulle Alpi e sugli Appennini, ma cresce spontaneamente anche nei giardini. Preferisce luoghi umidi, freschi e ombreggiati. L'*Aconitum ferox* è un'altra specie di aconito molto tossica conosciuta anche con il nome di "erba indiana", "aconito indiano" o "aconito dell'Himalaya".

VIE DI SOMMINISTRAZIONE

Orale o per contatto.

DOSE LETALE

Tutte le specie del genere *Aconitum* sono tossiche. Tutta la pianta è tossica, in particolar modo i fiori e le radici. Il principio attivo della pianta è l'aconitina, una delle tossine più potenti che si conosca. Gli alcaloidi in essa contenuta sono degli attivatori dei canali del sodio voltaggio-dipendenti. Si vanno a legare ai recettori delle cellule muscolari cardiache, impedendo la ripolarizzazione delle cellule e provocando paralisi e morte.
Per via orale, la dose letale di aconitina per l'uomo è di 2-5 mg/kg di peso corporeo.

EFFETTI

Per via orale causa bruciore in bocca e salivazione, problemi gastrointestinali (vomito e diarrea), aritmie cardiache, paralisi dei muscoli respiratori, convulsioni e morte. È irritante anche per contatto (provoca dermatiti).

ANTIDOTO
Non esiste un antidoto specifico.

RIMEDI
Contattare immediatamente il centro antiveleni. Il personale specializzato potrà procedere con una terapia sintomatica e di supporto, somministrando per esempio solfato di magnesio ad alto dosaggio.

CURIOSITÀ
Alcune fonti riportano che l'*Aconitum napellus* potrebbe essere l'arma del delitto usata ne *Il nome della rosa*, il romanzo di Umberto Eco, nel quale (segue spoiler!) diversi monaci muoiono dopo aver ingerito inconsapevolmente del veleno, nel tentativo di girare le pagine incollate della *Poetica* di Aristotele. Sebbene non venga mai esplicitato il nome del veleno, gli indizi a favore dell'aconito sarebbero molti. Deve trattarsi di una pianta velenosissima, in grado di causare la morte in pochi minuti o al massimo ore, che possa essere assorbita dopo essersi leccati un dito, ed essere reperibile per gli europei del Medioevo. L'*Aconitum* calza dunque a pennello: è nota come "cappuccio di monaco", chiaro riferimento ai monaci del monastero. Anche la dose corrisponderebbe: la dose letale di aconitina è contenuta in due grammi di radici, ed effettivamente una persona che sfoglia le pagine di un libro impregnandole di saliva potrebbe rimanerne avvelenata. Pure la modalità di somministrazione è plausibile. Ultimo ma non meno importante: una delle ipotesi sulla morte di Aristotele stesso, autore della *Poetica*, è che si sia trattato proprio di avvelenamento da aconito.

Oppio

La tisana della buonanotte

ANNI CINQUANTA-SESSANTA, SUD ITALIA. «Se non stai fermo... *Ti dac' 'na papagna!*» Nel Sud Italia, in particolare vicino a Roma, può esservi capitato di sentire questa espressione pronunciata da una persona in evidente stato alterato. Il termine "papagna" viene infatti usato in questo contesto per indicare un pugno così forte da far addormentare il malcapitato. Un po' più a sud invece, soprattutto in Puglia, dopo un pasto particolarmente abbondante si è soliti dire «M'è calata 'na papagna!», a indicare uno stato di abbiocco postprandiale. Ancora, in Molise si dice «Che papagna!» quando si ha moltissimo sonno. Così, il termine generico "appapagnarsi" è diventato gergalmente sinonimo di "addormentarsi".

Da dove deriva dunque il termine "papagna"? Per rispondere, dobbiamo tornare indietro ai tempi più remoti.

Tutto nasce da una pianta, il *Papaver somniferum L.* Non stiamo parlando del comunissimo papavero rosso che si può osservare nei campi, ovvero il *Papaver Rhoeas L.*, ma del papavero da oppio o papavero selvatico. Si crede erroneamente che questa pianta abbia avuto origine nel Medio Oriente o in Asia: probabilmente siamo portati ad associare l'oppio a questi Paesi per via della guerra dell'oppio, o a causa delle fumerie d'oppio, ma in realtà i dati raccolti dalla metà dell'Ottocento mostrano che il papavero selvatico è originario del Mediterraneo, in particolare dell'Italia. Secondo lo studioso etnobotanico Giorgio Samorini, esperto di sostanze psicoattive vegetali, è proprio qui che più di settemila anni fa, attorno al 5600 a.C., si è selezionato il papavero da oppio, in particolare nella regione dei laghi vulcanici dell'Italia centrale. Questa pianta sarebbe, infatti, il risultato di una coltivazione e selezione effettuata dall'uomo a partire da una specie selvatica (molto probabilmente il *Papaver setigerum*, originario di un territorio del Mediterraneo occidentale). I frutti del *Papaver somniferum L.* sono le famose capsule rotonde e verdi che contengono fino a cinquemila semi. Dall'incisione delle capsule immature si ricava un lattice bianco e appiccicoso, noto come oppio. Questo lattice contiene fino a ottanta alcaloidi, tra cui morfina, codeina e tebaina. A partire dalla morfina si può ottenere, attraverso una reazione chimica, l'eroina, una delle droghe più potenti conosciute.

È molto probabile che le proprietà psicoattive, sedative e analgesiche fossero già note agli antichi: nella parte settentrionale della Puglia, poi, dove la crescita di questa pianta era selvaggia e incontrollata, abitava il popolo dei Dauni (la zona in questione era detta appunto Daunia). Sono state ritrovate delle stele appartenenti a questa popolazione; secondo l'archeologa Laura Leone, rappresentano rituali di guarigione spirituale con figure femminili che reggono capsule di papavero da oppio.

Anche la Roma imperiale era a conoscenza di questa pianta e se ne faceva largo uso, tant'è che una delle possibili origini del nome è proprio latina (*papaver* si sarebbe poi evoluto in "papavero", mentre oppio deriverebbe da *opium*, a sua volta derivato dal greco *opòs*, "succo", "lattice"). L'imperatore Marco Aurelio passò alla storia per il suo uso massiccio di oppio, tanto da diventare un vero oppiomane. Gli scritti testimoniano che l'imperatore fosse spesso in preda agli effetti collaterali della sostanza, come l'astinenza.

Così, con il passare del tempo – anche se è difficile stabilire con esattezza quando – la parola "papagna" (storpiatura dialettale di *Papaver somniferum*) ha iniziato a far parte del dialetto comune, e altro non era che un decotto preparato proprio con il papavero selvatico e che veniva utilizzato per calmare le coliche, la tosse, il mal di denti o per conciliare il sonno di bambini e infanti, soprattutto nel primo anno di vita. Dato che questo infuso aveva un sapore amaro, che avrebbe messo alla prova anche i palati più intrepidi, per renderlo appetibile ai più piccoli veniva addolcito con del miele o dello zucchero, oppure stemperato con la dolcezza del latte. Un metodo tradizionale per somministrare l'infuso agli infanti era *lu pupieddu* o *pupillo*, ovvero una pallina di zucchero impregnata di qualche goccia dell'infuso e avvolta poi in un angolo di fazzoletto morbido, che i piccoli succhiavano come un ciuccio. Talvolta veniva data da succhiare direttamente la capsula di papavero bollito, dopo che la madre l'aveva masticata per renderla più morbida. In assenza di papavero, invece, veniva preparato un decotto con il lattice che fuoriusciva dai fusti fioriferi della lattuga selvatica (*Lactuca serriola*), il *lattuchiedde*, con effetti simili. È bene sottolineare che questa pratica

non era riservata esclusivamente ai bambini, poiché anche gli adulti usufruivano degli effetti antidolorifici della pianta, o la usavano per placare la tosse, e non era neanche prerogativa delle classi meno agiate, bensì diffusa in tutte le classi sociali.

La papagna ha moltissime declinazioni, che cambiano da zona a zona, dall'Abruzzo alla Sicilia. È nota infatti anche come *papagno*, o *papàgnulo*, *paparina*, *papagniello*, *pa-*

pangulo, *pupattolone*, *papàmbre* o *papambrone* (soprattutto in Abruzzo), *babà* o *babafaru* (nelle aree del Salento), e il suo uso è stato tramandato fino all'epoca dei nostri nonni (anni Cinquanta-Sessanta), anche se oggi è in via di estinzione.

I metodi esatti di preparazione di questo infuso variavano moltissimo a seconda della regione, e venivano trasmessi attraverso la cultura popolare, da madre a figlia o da suocera a nuora, senza l'intervento di alcun medico. Nelle culture indigene rurali del Sud Italia, infatti, la preparazione e somministrazione della papagna, accompagnata sempre anche da una sorta di rituale magico, era prerogativa femminile.

In linea di massima la ricetta casalinga prevedeva la raccolta di quattro o cinque capsule di papavero, quando erano belle grosse e i petali erano caduti. Le capsule venivano lasciate seccare al sole, intagliate e fatte bollire in acqua con gli steli per quindici-trenta minuti, filtrate, e così preparato il decotto. Alcune varianti prevedevano l'aggiunta di foglie di alloro, fiori di camomilla, limone, bucce di arancia, finocchio o fichi secchi; alcuni aggiungevano addirittura semi di stramonio (*Datura stramonium*), che oggi conosciamo come pianta dalle proprietà narcotiche, sedative e allucinogene, da sempre associata ai rituali spirituali degli sciamani. Non a caso, questa preparazione richiama anche il mondo magico e della stregoneria.

Magia a parte, però, il decotto conteneva alcaloidi oppiacei anche senza stramonio. La concentrazione era sicuramente inferiore rispetto al lattice puro, ma comunque sufficiente per agire come sedativo e antidolorifico e, soprattutto, per causare dipendenza. Inoltre, dal momento che stiamo parlando di preparazioni casalinghe, era molto difficile controllare il dosaggio: due o tre gocce di troppo avevano il potere di addormentare il bambino anche per un giorno e una notte di fila. Questo stato di eccessivo torpore era definito come "sonno di san Giovanni", poiché la leggenda racconta che san Giovanni Battista cadde in un sonno profondissimo, che durò per ben tre giorni e tre notti, e da cui neanche Gesù riuscì a svegliarlo. A causa del dosaggio errato, infatti, alcuni bambini non si svegliarono più per davvero, anche se sembra che si sia trattato, per fortuna, di pochissime eccezioni.

Per capire il bisogno di somministrare un rimedio simile, bisogna inquadrare il contesto storico in cui ci si trovava. All'epoca, infatti, i bambini venivano cresciuti in famiglie molto numerose e, specialmente in contesti rurali, le madri non potevano permettersi di trascurare le faccende domestiche o il lavoro nei campi. Le coliche o il mal di denti venivano così messi a tacere dal *pupieddu*, e se il neonato non voleva saperne di dormire mentre le madri dovevano faticare in campagna, veniva aggiunta qualche goccia dell'infuso direttamente nel latte.

Una medica del SER.T., Carla Grassano, ha intervistato alcune anziane pugliesi che in passato hanno utilizzato la papagna come rimedio calmante per i propri figli e ha raccolto le loro testimonianze in un interessante articolo (lo trovate nella bibliografia, a fine libro). Una di queste donne, madre di ben quindici figli, racconta proprio che si era ritrovata ad avere cinque bambini molto piccoli nello stesso periodo, e per farli stare tranquilli aggiungeva qualche goccia di papagna al latte in modo da poter lavorare indisturbata per un lasso di tempo che poteva durare fino a sette ore di fila. Un'altra invece, dopo essere emigrata in Svizzera, racconta che per poter svolgere il mestiere di lavandaia aveva promesso al suo datore di lavoro che il bambino che era costretta a portarsi appresso non avrebbe dato alcun fastidio poiché "tranquillissimo". In realtà, la sua vivacità veniva spenta da qualche goccia di papagna, e uno dei cesti della lavanderia veniva usato come culla.

IDENTIKIT

Papavero da oppio (*Papaver somniferum L.*)

FORMA FISICA

È una pianta autunnale che può raggiungere un'altezza di circa 1,5 metri. Fiorisce in estate, producendo dei bei fiori di vari colori, dal bianco al viola intenso. I frutti sono capsule rotonde e verdi all'interno delle quali si trovano numerosi semi (circa cinquemila). Dall'incisione delle capsule immature si ricava un lattice bianco e appiccicoso, noto come oppio.

VIE DI SOMMINISTRAZIONE

Orale, inalatoria, parenterale (ossia: per via intravenosa, intramuscolare o sottocutanea).

DOSE LETALE

LD_{50}: 461 mg/kg (orale, ratto), LD_{50}: 600 mg/kg (orale, topo). Un milligrammo di oppio può uccidere un neonato, 2-3 mg un bambino piccolo, 15 g per via endovenosa possono uccidere un individuo sano adulto.

EFFETTI

Il lattice bianco contiene numerosi alcaloidi isochinolinici, tra cui la morfina, la codeina e la papaverina, sostanze con potenti effetti sul sistema nervoso centrale. Contiene anche la tebaina, usata soprattutto negli anni Sessanta per cercare di ottenere altri composti con un profilo di sicurezza superiore alla morfina. Il chimico Kenneth Bentley riuscì ad aggiungere la tebaina ad altri composti fino a ottenere delle molecole sedative potentissime. Una di esse è l'etorfina, usata oggi per sedare gli elefanti (è fino a diecimila volte più potente della morfina).

L'oppio è stato utilizzato per secoli in medicina per le sue proprietà analgesiche e sedative, ma il suo abuso può portare a gravi dipendenze. I sintomi principali di intossicazione sono gastrointestinali e neurologici, tra cui sonnolenza, depressione respiratoria e coma. Le labbra e le unghie diventano blu e la pupilla si restringe moltissimo ("pupilla puntiforme").

Dato che provoca stitichezza, in passato veniva usato per formulare medicinali antidiarroici, mentre veniva usato come antitussivo per i suoi effetti depressivi sulla respirazione.

ANTIDOTO

Naloxone.

RIMEDI

L'avvelenamento richiede un intervento medico immediato, che procederà con ventilazione meccanica, supporto vitale o somministrazione di naloxone a seconda dei casi. Non somministrare in autonomia altri farmaci e non indurre il vomito. Cercare di impedirgli di dormire.

CURIOSITÀ

I semi del papavero da oppio sono utilizzati in cucina, per esempio sul pane, e per produrre olio. A differenza dell'oppio, i semi non contengono alcaloidi e si possono consumare in totale sicurezza.

Belladonna

Tè caldo alle erbe

2013, PAESI BASSI. Era una fredda giornata invernale, e un velo di nevischio avvolgeva il verde dei campi e dei boschetti olandesi. Due coniugi, infreddoliti fino alle ossa, al rientro a casa pensarono di riscaldarsi con una tazza di tisana fumante. La signora scelse per l'occasione un tè alle erbe preparato con venti grammi di radice di malva secca. Qualche ora dopo, però, entrambi i coniugi cominciarono a sentirsi poco bene: la vista si offuscò, avevano la nausea e la gola secca in maniera insopportabile. La coppia chiamò i soccorsi e venne immediatamente ricoverata in ospedale. Il personale sanitario non ebbe dubbi: stavano sperimentando una sindrome anticolinergica – ossia la condizione clinica che deriva dall'assunzione di particolari tossine, e che ha come sintomi proprio secchezza delle fauci, confusione, agitazione, iperemia, difficoltà di linguaggio, vomito, disturbi della vista e allucinazioni. Vennero dimessi solo quattro giorni dopo.

L'episodio fu notificato immediatamente al centro na-

zionale olandese che si occupa dell'informazione sui veleni, il DPIC. Di rimando, venne contattata l'autorità olandese per la sicurezza alimentare e dei prodotti di consumo, la NVWA, la quale aveva appena ricevuto un'altra segnalazione di avvelenamento molto simile. Da lì a pochi giorni i casi aumentarono: altre sei persone segnalarono malesseri dopo aver bevuto una tisana alle erbe, e quattro di queste vennero ricoverate in ospedale.

Le autorità stabilirono che le tisane incriminate contenevano malva (*Althea officinalis*), e provenivano tutte dallo stesso fornitore, il quale fu invitato a ritirare al più presto tutti i prodotti dal commercio. Come succede di prassi in questi casi, i cittadini furono poi prontamente informati tramite i vari canali informativi, quali giornali, televisione, e simili, e anche i Paesi esteri in cui la tisana era stata commercializzata vennero ugualmente informati. Si procedette poi all'analisi dell'infuso in questione, per capire come mai avesse dato tutti quei problemi: al suo interno fu rilevata una percentuale di atropina che andava da 1 a 10 mg/g. Cominciò un'indagine approfondita sulla catena di produzione, e il mistero venne infine risolto: durante la raccolta di *Althea officinalis*, in Bulgaria, si era verificata la contaminazione con un'altra pianta, l'*Atropa belladonna*.

L'*Atropa belladonna L.* è una pianta perenne appartenente alla famiglia delle *Solanaceae*, ed è originaria dell'Europa, dell'Africa del Nord e dell'Asia occidentale. A oggi la si può trovare in Italia nei boschi delle Alpi e degli Appennini. Produce dei bellissimi fiori penduli di colore viola, e i frutti sono delle bacche scure assolutamente non commestibili. Talvolta possono essere confuse con le bacche del mirtillo nero (*Vaccinium myrtillus*), ma rispetto a quest'ultime sono leggermente più grandi e hanno una buccia lucida. Tuttavia, la somiglianza tra le due bacche ha portato a numerosi casi di avvelenamento, soprattutto tra escursionisti inesperti che si avventuravano nei boschi alla ricerca di frutti selvatici.

Tutta la pianta, infatti, soprattutto le radici, le foglie e i frutti (in particolare quelli maturi), contiene diversi alcaloidi tossici, tra cui atropina, iosciamina e scopolamina. Queste sostanze vengono rapidamente assorbite dal tratto gastrointestinale e inibiscono i recettori muscarinici dell'acetilcolina nel sistema nervoso centrale e autonomo, provocando una serie di sintomi che vanno dai problemi circolatori, a quelli neurologici, a complicazioni dell'apparato digerente.

I sintomi dell'intossicazione da belladonna sono bene descritti da una vecchia filastrocca inglese che sono soliti imparare gli studenti di medicina:

> *hot as a hare* (caldo come una lepre), poiché si ha febbre alta;
> *blind as a bat* (cieco come un pipistrello), per la dilatazione della pupilla (effetto noto come "midriasi") che non permette più di vedere nitidamente;
> *dry as a bone* (secco come un osso), per il blocco della salivazione e della sudorazione;
> *red as a beet* (rosso come una barbabietola), per la pelle arrossata;
> *mad as a hatter* (matto come un cappellaio; vedi meglio nel capitolo sul mercurio), per le allucinazioni, perdite di memoria, spasmi e confusione che ne possono derivare. Non a caso, in Germania, i frutti di questa pianta vengono chiamati *Tollkirsche*, ovvero "ciliegie della pazzia".

Infine, nei casi peggiori, l'intossicazione da belladonna porta a coma e arresto cardio-respiratorio nel giro di ventiquattro-trentasei ore. In generale, si tratta di una pianta con la quale bisogna fare davvero molta attenzione, poiché le dosi tossiche sono molto variabili da individuo a individuo, e sono particolarmente pericolose nel caso dei bambini. Inoltre, questi alcaloidi sono resistenti alle alte temperature: ecco perché hanno dato tossicità anche dopo essere stati messi in infusione a 100 °C in una tazza da tè.

Nel caso delle tisane contaminate, è stata salvavita una

tempestiva collaborazione tra le autorità sanitarie, il centro antiveleni e il produttore: solo così si è riusciti a isolare rapidamente la fonte della contaminazione e a ritirare i lotti dal commercio. È fondamentale, dunque, segnalare immediatamente alle autorità sanitarie qualsiasi sospetto di contaminazione alimentare, ma anche evitare di assaggiare frutti che non conosciamo e che incontriamo durante le passeggiate nei boschi.

Vi sarete forse infine chiesti da dove derivi il nome di questa pianta. Ebbene, la denominazione "belladonna" ha (come si intuisce) origini italiane, e deriva da una peculiare pratica rinascimentale: le donne veneziane, pensate, per apparire più seducenti utilizzavano un collirio a base di belladonna che dilatava la pupilla e donava loro temporaneamente uno sguardo molto intenso e profondo, i tipici occhi da cerbiatto. Da qui, dunque, l'appellativo di "bella signora", bella donna appunto. Come effetto collaterale, però, le dame non riuscivano più a leggere, o a mettere a fuoco gli oggetti, essendo la pupilla completamente dilatata. Inoltre, questa pratica non era priva di rischi: gli estratti di belladonna, infatti, possono causare gravi danni agli occhi, fino ad arrivare alla cecità. Qualcosa di questo uso passato, però, è rimasto anche ai giorni nostri: a oggi, infatti, l'atropina viene comunemente utilizzata come farmaco in oculistica proprio per le sue proprietà di midriasi, che si rivelano utili per esempio durante l'esame del fondo dell'occhio.

IDENTIKIT

Belladonna (*Atropa belladonna L.*)

FORMA FISICA

È una pianta erbacea perenne che può crescere fino a 150 cm. I fiori hanno un colore verde-viola, mentre le bacche sono scure e lucide. Fa parte della famiglia delle *Solanacee*. È originaria dell'Europa, Africa del Nord e Asia occidentale. A oggi la si può trovare in Italia nei boschi delle Alpi e degli Appennini.

VIE DI SOMMINISTRAZIONE

Orale, topica, oftalmica.

DOSE LETALE

Dieci bacche sono tossiche per un adulto, mentre per un bambino ne bastano due o tre. La dose letale di atropina per un adulto è di 100 mg/kg di peso corporeo.

EFFETTI

Le radici, le foglie e i frutti (soprattutto quelli maturi) contengono gli alcaloidi tossici atropina, L-iosciamina, scopolamina. Queste sostanze vengono rapidamente assorbite dal tratto gastrointestinale e vanno a inibire i recettori muscarinici dell'acetilcolina nel sistema nervoso centrale e autonomo, andando a provocare una serie di sintomi che vanno da quelli circolatori, a quelli neurologici e all'apparato digerente. L'atropina è incolore, insapore e poco solubile in acqua.

Per via orale causa la sindrome anticolinergica, ovvero secchezza delle fauci, confusione, agitazione, iperemia, difficoltà di linguaggio, vomito, disturbi della vista, allucinazio-

ni. Nei casi peggiori, l'intossicazione porta a coma e arresto cardio-respiratorio nel giro di ventiquattro-trentasei ore.
I sintomi più comuni includono: febbre alta, dilatazione della pupilla, blocco di salivazione e sudorazione, pelle arrossata, allucinazioni, perdite di memoria, spasmi e confusione.

ANTIDOTO

Non esiste un antidoto specifico.

RIMEDI

Il trattamento ospedaliero è principalmente sintomatico e di supporto, che può prevedere il supporto respiratorio, la somministrazione di liquidi per via endovenosa, fisostigmina, carbone attivo, purganti o altri farmaci.

CURIOSITÀ

Il suo nome *Atropa* deriva da Atropo, la Moira greca che recideva il filo della vita, mentre *belladonna* deriva dall'italiano "bella signora". Il motivo di quest'ultimo termine risiede nel fatto che le dame del Rinascimento ne applicavano qualche goccia negli occhi in modo da far dilatare la pupilla e apparire così più sensuali. Il succo rosso delle bacche invece veniva anche usato come rossetto. Tutta questa linea di cosmetici, nella Venezia del Cinquecento, era nota proprio con il nome di *Belladonna*.
Si riportano casi di avvelenamenti involontari in cui è stata confusa con il suo sosia, il *Vaccinium myrtillus* (mirtillo), da cui però differisce per la grandezza delle bacche e lucidità della buccia.

REGNO II: LA PRIMA PIETRA

Minerali mortali

Quando pensiamo al mondo minerale, ci viene in mente qualcosa di inerte, e dunque forse innocuo. In realtà, questo regno cela al suo interno una varietà di elementi che, anche se statici, in determinate condizioni possono rivelarsi letali.

Tra questi è l'arsenico a farla da padrone nella storia della tossicologia: non solo per la sua elevata tossicità, ma anche per il suo ruolo in intrighi politici, delitti e persino pratiche mediche controverse. Non a caso, questo elemento è stato soprannominato fin dall'antichità "il re dei veleni", proprio per la sua capacità di agire in modo subdolo e spesso difficilmente rilevabile dalle tecniche forensi del passato, il che lo ha reso di fatto una delle sostanze tossiche più temute e popolari nella storia.

L'arsenico, nella sua forma più comune e storicamente utilizzata come veleno, il triossido di arsenico (As_2O_3), si presenta come una polvere bianca, inodore e insapore, caratteristiche lo hanno reso un'arma ideale per gli avvelenamenti premeditati. L'arsenico reagisce con i gruppi sulfidrilici degli enzimi, inibendone l'attività e causando danni irreparabili agli organi vitali. I sintomi dell'avvelenamento da arsenico variano a seconda della dose e della durata dell'esposizione, ma possono includere disturbi gastrointestinali, danni al sistema nervoso, problemi cardiovascolari e, nei casi più gravi, la morte.

La storia è costellata di esempi di avvelenamenti da arsenico, alcuni dei quali ancora avvolti nel mistero. Uno dei casi più celebri è la morte di Napoleone Bonaparte, avvenuta sull'isola di Sant'Elena nel 1821: sebbene le cause ufficiali del decesso siano state recentemente attribuite a un cancro allo stomaco, nel corso dei secoli l'ipotesi di un avvelenamento da arsenico ha alimentato un acceso dibattito, a cui sono seguite analisi su campioni del corpo dell'imperatore, teorie riguardo a un complotto per eliminarlo e tante altre ipotesi. Sebbene il ruolo preciso dell'arsenico nella sua morte sia ancora oggi oggetto di discussione, questo caso emblematico basta a sottolineare la rilevanza storica della sostanza in questione.

Ma l'arsenico non è stato solo un'arma nelle mani di cospiratori e assassini: nel corso della storia è stato utilizzato anche in ambito medico, seppur con risultati spesso controversi. In alcune culture, come quella dei mangiatori di arsenico della Stiria, l'ingestione di piccole dosi di arsenico era considerata una pratica in grado di migliorare la resistenza fisica e la respirazione in alta quota... Scopriremo insieme se si trattasse di una credenza veritiera o meno.

Oltre all'arsenico, il mondo minerale offre una varietà di altre sostanze tossiche che hanno avuto un impatto significativo sulla storia e sulla salute umana: nelle prossime pagine esploreremo anche altri veleni di origine minerale, come il mercurio, utilizzato per secoli in ambiti diversissimi, dall'industria alla medicina – e spesso con una (relativa) noncuranza rispetto all'avvelenamento da mercurio, noto come mercurialismo, che può causare gravi danni al sistema nervoso, con sintomi che vanno da tremori e disturbi psichiatrici a danni renali e respiratori. Che ci crediate o no, quando si parla di mercurio c'è un personaggio molto importante da tirare in ballo: il Cappellaio Matto di *Alice nel Paese delle Meraviglie*. Se vi sembra un'associazione di idee un po' astrusa, non preoccupatevi: arriveremo a chiarirla presto.

Un altro elemento di origine minerale di cui parleremo, infine, è il tallio, un metallo pesante altamente tossico. Agisce interferendo con il metabolismo cellulare, causando una moltitudine di sintomi, tra cui perdita di capelli, danni al sistema nervoso, problemi gastrointestinali e anche qui nei casi più gravi, la morte. Vi basti sapere che si trattava della sostanza favorita di un sinistro personaggio soprannominato "L'avvelenatore delle tazze da tè".

Siete già curiosi? Allora tuffiamoci (si fa per dire) nel mondo dei veleni minerali, alla scoperta di alcune tra le sostanze più famose e letali della storia.

Arsenico

Ei fu

1821, SANT'ELENA. L'isola di Sant'Elena, di origine vulcanica, si estende nei suoi 122 km^2 in un punto remoto in mezzo all'Oceano Atlantico. Lo sapeva bene Napoleone Bonaparte, il quale nel 1815 approdò alla meta scelta per il suo esilio. Per arrivarci, partendo dalle coste di Plymouth, impiegò la bellezza di settantadue giorni. La dimora in cui avrebbe soggiornato in una condizione «a metà tra un ospite e un detenuto», la Longwood House, aveva ampie stanze tappezzate di un bel verde acceso, che andava molto di moda all'epoca. Qui il generale trascorreva le giornate tra passeggiate a cavallo, giardinaggio, partite a carte, letture e lunghi bagni. Sembra che apprezzasse molto anche parlare di storia, e che si compiacesse nel dettare lunghe narrazioni delle imprese dei grandi personaggi del passato.

L'imperatore, soprattutto negli ultimi anni trascorsi sull'isola, era molto provato, sia fisicamente sia mentalmente. Cominciò ad avere con crescente frequenza la nausea, a soffrire di mal di stomaco e a sentirsi perennemente spossato. Da uomo con una memoria eccelsa, passò a essere sempre più confuso e a perdere lucidità. Inoltre, la medicina dell'epoca non faceva miracoli, e i rimedi prevedevano perlopiù bagni caldi, passeggiate all'aperto, salassi e qualche impacco. Finché un pomeriggio, in seguito a giorni molto sofferenti, Napoleone venne ritrovato morto, adagiato sul letto della sua camera. Era il 5 maggio 1821.

Sono passati più di duecento anni da quel giorno, eppure le cause della sua morte rimangono ancora molto dibattute. Tra queste, tralasciando le teorie più complottiste che addirittura affermano non sia morto sull'isola ma sia scappato in America, si è fatta strada l'ipotesi dell'avvelenamento.

Sì, ma da cosa? Le due sostanze più probabili: il mercurio e l'arsenico.

Si scoprì che i medici, un paio di giorni prima di morire, gli avevano somministrato il calomelano, un lassativo a base di cloruro di mercurio molto comune a quei tempi. Le conoscenze medico-scientifiche dell'epoca erano molto limitate, ma oggi sappiamo che il calomelano era spesso causa di avvelenamento e talvolta di morte. Certamente dunque la somministrazione di un rimedio di questo tipo, a un uomo già molto debole e sofferente, non può aver giovato alla salute. È poco plausibile, tuttavia, che il calomelano sia stato il solo responsabile della morte; più probabilmente, ha contribuito a peggiorare una condizione fisica già molto precaria, fungendo da innesco. Napoleone, infatti, era parecchio malato da almeno un paio di anni.

Le teorie si concentrarono fin da subito anche su un altro metallo pesante, ovvero l'arsenico: già nel 1961 ne erano state trovate delle concentrazioni molto alte in un campione di capelli dell'imperatore. Nel 2001, poi, Pascal Kintz, un tossicologo dell'Istituto forense di Strasburgo, volle condurre una ricerca più approfondita. Fece analizzare cinque campioni di capelli del generale raccolti nel 1821 e vi rilevò una concentrazione di arsenico trentotto volte superiore a quella a oggi considerata normale (in un capello attuale non esposto la concentrazione dovrebbe essere meno di 0,8 µg/g di capelli, mentre nelle ciocche di capelli attribuite a Napoleone ne sono state ritrovate quantità che andavano da 6,99 a 38,53 µg di arsenico per grammo di capelli).

L'ipotesi di avvelenamento da arsenico prese quindi il sopravvento: le testate giornalistiche presto non parlarono d'altro. Era proprio vero, dunque? Napoleone era stato volontariamente avvelenato?

Nel 2002 la rivista *Science et vie* pubblicò i risultati di un nuovo studio. In questo vennero analizzati campioni di capelli risalenti al 1805, 1814 e 1821 nel laboratorio di tossicologia della polizia a Parigi. Sorprendentemente, tutti quanti i campioni mostravano dei livelli di arsenico superiori al normale. L'ipotesi della morte per avvelenamento volontario non reggeva più, altrimenti l'imperatore sarebbe già dovuto morire anni prima.

Nonostante alcune perplessità sull'autenticità delle ciocche prelevate, restava però da chiarire come mai le concentrazioni di arsenico fossero così elevate. Se non si era trattato di un avvelenamento volontario, da dove proveniva allora l'esposizione a quel metallo pesante?

I risultati presentati fino a quel momento facevano presupporre che l'arsenico fosse stato assunto per via orale e fosse stato così distribuito al circolo ematico, ma un nuovo studio ribaltò la faccenda: durante una conferenza del 2004, il laboratorio di tossicologia del dipartimento di polizia a Parigi dimostrò come la contaminazione dei capelli potesse avvenire anche tramite fonti esterne.

Nell'Ottocento si era a conoscenza della tossicità dell'arsenico, tant'è che veniva usato come topicida, ma si credeva che in piccole quantità facesse bene, e difatti veniva usato in abbondanza per la realizzazione di alcuni tipi di unguenti e di particolari oggetti casalinghi.

Forse avete già indovinato: tra questi c'erano proprio le lozioni per capelli e la carta da parati.

Verde di Parigi

L'epoca vittoriana è nota per le abitudini bizzarre, eccentriche, che sfidavano il limite della sicurezza utilizzando prodotti tossici o pericolosi in cambio di moda ed eleganza. Non bisognava andare lontano: i pericoli maggiori, infatti, si insinuavano proprio tra le mura domestiche. In particolare, andava di moda utilizzare un colore verde smeraldo, chiamato anche "verde di Parigi", per la carta da parati, i libri rilegati con la stoffa, i giocattoli, i vestiti, le candele e persino i dolci. Non c'era dama (dei ceti medio-alti, beninteso) che non possedesse almeno un lungo abito di questo colore, e non c'era casa signorile che non avesse le pareti di almeno una stanza ricoperte da una verdissima carta da parati. Peccato che questo pigmento fosse estremamente tossico, per non dire mortale. Il nome "verde di Parigi", infatti, deriva proprio dallo storico uso di questa sostanza, impiegata come veleno per uccidere i ratti nelle fogne parigine. Ma com'è possibile, dunque, che si sia finiti a decorarci le pareti di casa?

Facciamo un passo indietro e ripercorriamo velocemente la storia dei colori.

Creare un colore idoneo alla pittura, che abbia dunque

caratteristiche specifiche di brillantezza, stabilità e stendibilità, è un compito che si presta molto bene a un chimico. Anche triturare pietre naturali, aggiungere spezie, mescolarle con i fiori ed erbe lasciate in infusione – il tutto nelle giuste concentrazioni – è di fatto un processo chimico, anche se svolto da artisti. Tuttavia, ben presto i chimici cominciarono a trovare in questa arte del terreno fertile per sperimentare la creazione di pigmenti più brillanti, profondi, realistici, mescolando polveri e solventi, innescando reazioni. In particolare, nel 1770, un chimico svedese di nome Carl Scheele, miscelando una forma minerale dell'ossido di piombo, il litargirio, con cloruro di sodio, riuscì a creare un pigmento giallo, così particolare che in data successiva alla sua morte venne addirittura brevettato come "giallo di Turner".

Il signor Scheele però non si limitò al giallo. Cinque anni dopo pubblicò un resoconto delle sue scoperte su un altro colore, il verde. Normalmente era molto restio a rendere note le sue ricerche scientifiche, ma per l'Accademia svedese delle Scienze fece un'eccezione. Svelò che mescolando insieme triossido di arsenico, carbonato di potassio, solfato di rame e acqua si poteva ottenere l'arsenito di rame, che appariva di un bel colore verde-giallo. E il grande vantaggio, a detta del chimico, era la stabilità: a distanza di anche tre anni il colore rimaneva invariato e si stendeva benissimo. Si trattava di un grandissimo passo avanti nella pittura. Il pigmento prese il nome di "verde di Scheele".

In questo resoconto c'era però una piccola nota a piè di pagina che venne del tutto trascurata negli anni successivi, ovvero che le acque di lavaggio utilizzate nel processo, e venute dunque a contatto con la vernice, contenevano arsenico, seppure in piccole quantità, e perciò dovevano essere conservate in un luogo al sicuro dal bestiame. Avevamo qui già un forte indizio sulla tossicità del pigmento: se provocava la morte del bestiame, di certo non poteva essere un toccasana per l'uomo.

Inoltre, a discapito di quanto affermato da Carl Scheele, questo pigmento non era affatto stabile e si ossidava facilmente. Per renderlo quindi più resistente alla luce, nel 1814 dei produttori di vernici in Germania lo modificarono in acetato arsenito di rame, ottenuto dalla combinazione di acetato di rame con triossido di arsenico. Nel 1867 questa polvere cristallina prese ufficialmente i nomi di "verde di Parigi" (poiché il pigmento venne successivamente usato per derattizzare su larga scala la città di Parigi), "verde di Schweinfurt" (la città tedesca dove il pigmento venne prodotto per la prima volta) o "verde di Vienna" (il pigmento venne in seguito molto utilizzato in questa città) e, a seconda del modo in cui veniva preparata, poteva assumere sfumature diverse, che andavano dal verde pallido, quando macinata finemente, al verde smeraldo, quando veniva macinata in modo più grossolano.

Questo pigmento divenne subito molto apprezzato dai grandi artisti dell'Ottocento, che lo usarono in moltissimi quadri. Se osserviamo i dipinti di Kersting, Monet, Cézanne o Van Gogh non è difficile notare l'abbondante uso del pigmento nelle loro pennellate.

Divenne poi presto nota anche la versatilità di questo colore, adatto all'uso pure in altri ambiti, come per esempio l'agricoltura. Si scoprì che era estremamente efficace contro i parassiti, diventando il primo pesticida chimico al mondo, e negli anni successivi venne usato anche come topicida, contro gli scarabei, e persino per sconfiggere la malaria, disperdendolo nelle zone paludose dove le zanzare deponevano le uova. A causa dell'alto contenuto di arsenico, il verde di Parigi provocò parecchi avvelenamenti nelle fabbriche che lo producevano, ma il problema venne perlopiù ignorato e si continuò a utilizzarlo ugualmente.

Questo colore meraviglioso finì a poco a poco per venire utilizzato per moltissimi oggetti presenti nelle case, come tappeti, paralumi, saponi, giocattoli per bambini e, come già accennavamo, addirittura nelle decorazioni per dolci. Tra le occorrenze più celebri c'è il banchetto tenuto nel 1850 dal Reggimento reale irlandese, durante il quale erano presenti a tavola diverse foglie di zucchero, a scopo puramente decorativo, colorate con il verde veleno. Alcuni commensali le portarono a casa per darle da mangiare ai loro bambini: ne causarono la morte.

In epoca vittoriana divenne poi molto comune tenere in casa dei fiori di carta artificiali, e questo verde si prestava molto bene come pigmento per le foglie. Per realizzare questi oggetti venivano spesso impiegati lavoratori bambini che, grazie alle loro piccole mani, riuscivano a eseguire questo compito così minuzioso, esponendosi però inevitabilmente a grandi quantità di arsenico, sia per contatto sia per via inalatoria.

Questo colore era poi anche particolarmente adatto ai motivi su carta da parati floreale, molto in voga in quegli anni, favorendo così ancora di più lo stretto contatto tra il pigmento e le persone. Una comune carta da parati poteva contenere all'incirca 700 mg di arsenico per metro quadro: una stanza poteva quindi raggiungere tranquillamente i 30 g in totale, un quantitativo spaventoso se consideriamo che la dose letale (LD_{50}) è di 22 mg/kg di peso corporeo. E se pensate che questo fenomeno riguardasse solo una manciata di persone… be', vi sbagliate di grosso! In soli quarant'anni, dal 1830 al 1870, la produzione di carta da parati in Inghilterra passò da un milione di rotoli all'anno a *trenta* milioni: anche l'American Medical Association ha stimato che verso la fine del secolo il 65% di tutta la carta da parati degli Stati Uniti contenesse arsenico.

Ovviamente, la maggior parte della popolazione comune ignorava totalmente i rischi che derivavano dal respirare quotidianamente arsenico. Si sapeva da tempo che era tossico, ma si pensava principalmente alla tossicità per ingestione. In realtà, l'arsenico viene sì assorbito oralmente, ma anche per via inalatoria e per via cutanea, seppure in misura minore. L'avvelenamento da arsenico può causare nausea, vomito, disturbi cardiaci, sensazione di bruciore alla gola e allo stomaco, e infine può portare alla morte per insufficienza d'organo. È anche un cancerogeno certo, coinvolto soprattutto nei tumori dei polmoni, della pelle, del fegato e della vescica.

Bisogna tenere a mente anche che, oltre alle persone che potevano respirarlo in casa, c'erano anche centinaia di lavoratrici che maneggiavano quotidianamente questi oggetti nelle industrie che le producevano, e che subirono ripercussioni gravissime a causa dell'avvelenamento cronico da arsenico. Il numero di persone che si ammalavano al lavoro per via di questo metallo superava di gran lunga il numero degli avvelenamenti domestici, ma evidentemente faceva meno scalpore, proprio perché si trattava di ceti sociali tendenzialmente bassi, poveri, e dunque percepiti come spendibili.

Tuttavia, gli scienziati esistevano anche all'epoca e più di uno aveva già avanzato dei sospetti riguardanti la sicurezza di questa sostanza. Nel 1815, in particolare, un noto chimico tedesco di nome Leopold Gmelin aveva notato che quando la carta da parati era umidiccia a causa delle condizioni atmosferiche, la casa puzzava di topo. Avanzò dunque l'ipotesi che l'arsenico stesse in qualche modo avvelenando l'aria interna a causa dei "vapori" rilasciati. Consigliò di rimuovere immediatamente la carta avvelenata da tutte le case, ma nessuno gli diede ascolto.

Saltiamo in avanti di mezzo secolo: nel 1870, un medico americano di nome Robert M. Kedzie, diventato in seguito professore di chimica e che stava appassionatamente seguendo le ricerche che venivano effettuate su questo composto, pensò di sensibilizzare la popolazione a riguardo. Creò allora un libro che raccoglieva moltissimi campioni di carta da parati avvelenata e lo inviò alle biblioteche. In questo modo, pensava, la gente avrebbe potuto facilmente riconoscere le carte da parati pericolose a colpo d'occhio, e avrebbe prontamente provveduto a eliminarle dalle proprie case. A oggi esistono ancora quattro copie originali di questo libro, ma ogni pagina è stata attentamente ricoperta da una plastica trasparente in modo che i visitatori e i bibliotecari non entrino in contatto con il veleno.

Il meccanismo esatto con il quale si formavano i vapori tossici dell'arsenico venne scoperto però solo nel 1891, da un chimico italiano di nome Bartolomeo Gosio. Costui stava studiando per cercare di risolvere un problema che affliggeva la popolazione in quel periodo: una quantità di bambini nettamente superiore alla media continuava ad ammalarsi e a morire, per cause apparentemente misteriose. Grazie ai suoi esperimenti con microrganismi, triossido di arsenico e purè di patate, scoprì che effettivamente la formazione di un gas letale era possibile. Ecco perché la carta diventava pericolosa quando c'era molta umidità nella stanza: questa condizione favoriva la crescita di muffe e microrganismi, che, appunto, innescavano la reazione. Le scoperte di Gosio furono così importanti che questa malattia prese proprio il nome di "malattia di Gosio".

Il cerchio si chiuse definitivamente nel 1933, con l'identificazione del gas che veniva prodotto da queste reazioni chimiche: non poteva essere la pericolosissima arsina, dato che mancava un forte agente riducente nella reazione, ma si trattava della trimetilarsina, identificata dal chimico inglese Frederick Challenger.

Questa sostanza è anche sospettata di essere stata la causa della morte di Napoleone Bonaparte. Abbiamo già detto che durante il periodo di permanenza sull'isola mostrò sintomi come nausea, mal di stomaco e spossatezza, e che le analisi dei capelli, effettuate in tempi più recenti, mostrarono una concentrazione di arsenico molto al di sopra dei livelli di una qualsiasi persona normale. Dopo aver considerato e poi scartato l'ipotesi del calomelano, si fece poi lentamente strada una nuova ipotesi: la carta da parati avvelenata.

Abbiamo menzionato che la trimetilarsina si formava in presenza di muffe, e le condizioni umide dell'isola avranno quasi sicuramente facilitato questa reazione. Tuttavia, è difficile stabilire se sia morto proprio a causa dell'arsenico, o se tutto ciò abbia solamente contribuito a peggiorare una malattia già preesistente.

Negli ultimi anni dell'Ottocento, un creatore di motivi per carta da parati, artista noto e molto influente, di nome William Morris, continuava a utilizzare il verde di Parigi senza remore. Il pubblico chiedeva dei colori vivaci, e Morris era consapevole che solo quel tipo di verde poteva assicurarglieli. Ignorò tutte le evidenze scientifiche dell'epoca: in fondo non poteva credere che per un po' di carta da parati la gente stesse così male. Divenne ricchissimo, e anche quando nel 1870 era ormai possibile produrre un verde che non contenesse arsenico, Morris rimase scettico fino alla fine. Una famosa citazione ritrovata nelle sue lettere diceva proprio: «*As to the arsenic scare a greater folly is hardly possible to imagine: the doctors were bitten as people bitten by witch fever*». Ossia: «Per quanto riguarda il panico da arsenico, è difficile immaginare una follia peggiore di esso: i dottori sono stati contagiati come al tempo della caccia alle streghe». L'opinione scientifica però era di tutt'altro parere, e alla fine dell'epoca vittoriana divenne ormai chiaro a tutti che il verde di Parigi era puro veleno. Così anche William Morris non ebbe alternativa e, alla fine, si arrese a dover vendere carta da parati priva della sostanza.

Nel 2007 ci fu una svolta sul caso della morte di Napoleone. Venne pubblicato un articolo sul *Nature Clinical Practice Gastroenterology & Hepatology* che affermava che l'imperatore fosse morto di cancro gastrico, teoria ripresa da diversi altri gruppi di ricerca in seguito, e affermatasi come l'ipotesi di gran lunga più plausibile. Anche i capelli del figlio e della moglie di Napoleone (sempre ammesso che si trattassero di quelli originali) avrebbero, infatti, mostrato delle altissime concentrazioni di arsenico, suggerendo che probabilmente la popolazione dell'epoca era stata più esposta in generale a questo metallo, e aveva dunque dei livelli più alti in corpo.

Nel 2021, in occasione del bicentenario della morte dell'imperatore, un consorzio internazionale di patologi gastrointestinali si è riunito per analizzare i rapporti dell'autopsia di Napoleone e ha confermato l'ipotesi di una gastrite provocata dall'*Helicobacter pylori* associata a carcinogenesi.

Il fitto mistero avrà finalmente trovato la parola fine?

LIBRI ALL'ARSENICO

Di recente l'Università del Delaware e il Winterthur Museum, Garden & Library, negli Stati Uniti, hanno dato via al *Poison Book Project* (2019), che mira a identificare i pigmenti tossici utilizzati per rilegare i volumi di stoffa risalenti all'epoca vittoriana e ancora custoditi nelle biblioteche di tutto il mondo. Grazie a questo progetto, nato dalla scoperta casuale di un libro contenente arsenico, si è riusciti a catalogare più di trecento libri "velenosi". Melissa Tedone, capa del laboratorio e ideatrice del progetto, ha affermato in un'intervista che l'obiettivo non è incitare a buttarli via, bensì sensibilizzare le persone sull'argomento e spiegare loro come maneggiarli in totale sicurezza per garantirne una corretta conservazione. A correre il pericolo maggiore, infatti, sono bibliotecari, librai e collezionisti, i quali dovrebbero sempre indossare dei guanti in nitrile quando maneggiano questi volumi, senza lasciare che essi vengano mai a contatto con la pelle delle mani o con altre parti del corpo, data la natura friabile del pigmento, ed eventualmente dovrebbero attrezzarsi con una cappa chimica per aspirare le polveri. Dunque, se siete dei collezionisti e avete in casa libri (o anche bambole) di quell'epoca, prendete le giuste precauzioni!

Colazione sostanziosa

OTTOCENTO, STIRIA. Intorno alla metà dell'Ottocento, cominciarono a girare delle voci riguardanti "i mangiatori di arsenico". Si vociferava, infatti, che ci fosse un popolo che abitava sulle Alpi settentrionali della Stiria (ora una regione dell'Austria) in grado di ingerire grandi quantità di arsenico senza avvelenarsi.

L'arsenico veniva assunto volontariamente da questa popolazione per degli scopi ben precisi. Sarebbe stato in grado, infatti, di facilitare la respirazione in alta quota durante le escursioni in montagna, migliorando il cosiddetto "mal di montagna", di proteggere dalle malattie infettive, di aiutare la digestione, di fornire più energia e addirittura migliorare le prestazioni sessuali. Avrebbe poi aiutato le donne ad avere una carnagione più rosea. Quest'ultimo rimedio, in particolare, non era esclusivo degli stiriani: verso la fine dell'Ottocento, infatti, sia in Inghilterra sia negli Stati Uniti vennero messe in commercio delle cialde all'arsenico da assumere per via orale. La versione britannica si chiamava MacKenzie's, mentre quella statunitense Dr. Campbell's Safe Arsenic Wafers. Le giovani donne le assumevano per migliorare l'incarnato, con conseguenze talvolta fatali.

Dietro a tutte queste pratiche, che sembrano rasentare la follia, si nascondono in realtà delle spiegazioni scientifiche: l'arsenico migliorava effettivamente la resistenza in alta quota data la sua capacità di stimolare la produzione di emoglobina, andando ad aumentare così il trasporto dell'ossigeno. Le guance, invece, apparivano rosee a seguito della dilatazione dei capillari, rendendo così – ma solo in apparenza – l'aspetto della pelle più sano, anche se gli stiriani non potevano forse saperlo.

I mangiatori di arsenico cominciavano quindi fin da giovanissimi ad assumere triossido di arsenico o orpimento artificiale, ovvero una miscela a base di solfuro di arsenico (As_2S_3) che si trovava in quelle zone. Dapprima ne ingerivano una minima quantità, intorno ai 10 mg, poi aumentavano la dose a 30 mg due o tre volte alla settimana, fino ad arrivare addirittura a 300 mg al giorno, un quantitativo che in condizioni normali avrebbe ucciso chiunque. C'era anche chi era in grado di assumerne quasi un grammo intero, e la maggior parte di loro andava avanti con questa pratica anche per trenta o quarant'anni senza alcun problema. Anzi: una volta iniziata questa pratica, non potevano fermarsi, altrimenti si diceva che si sarebbero ammalati e sarebbero morti in modo atroce. In effetti, chi ne sospendeva l'uso sperimentava dei sintomi simili a quelli provocati da una leggera intossicazione arsenicale, e dunque l'unica soluzione ragionevole era quella di tornare subito ad assumere nuovamente arsenico.

Si pensa che cominciarono questa abitudine già a partire dal XVII secolo, quando iniziò l'attività di estrazione mineraria nella regione. Grazie all'esperienza e alla tradizione tramandata di generazione in generazione, riuscivano a calcolare a occhio il quantitativo da assumere. Ne tagliavano con il coltello una piccola porzione a partire da un tocco più grande, come si fa con il formaggio. Questo veniva poi sgranocchiato sotto i denti o mandato giù con la grappa o un pezzo di pane e pancetta affumicata.

Il dottor Johann Jakob von Tschudi fu il primo a raccontare di loro in un articolo pubblicato nel 1851 in un giornale di medicina viennese, facendo sapere al mondo intero che esistevano per davvero dei tossicofagi. L'articolo del dottor von Tschudi fu ripreso da molte altre testate, come il *Chambers' Edinburgh Journal*, e la notizia circolò in fretta.

Tuttavia, la storia venne accolta con molto scetticismo da parte della comunità scientifica, soprattutto quella scozzese, tanto che venne definita una leggenda. Dei contadini erano in grado di mangiare il triossido di arsenico senza rimanerci secchi? Impossibile.

Nel 1856, William Bedford Kesteven pubblicò sull'*Association Medical Journal* un articolo in cui esprimeva tutta la sua riluttanza a credere nell'esistenza dei mangiatori di arsenico, soprattutto poiché non vi era alcuna corrispondenza nella letteratura scientifica dei più importanti tossicologi forensi dell'epoca. Decise dunque di intervistare l'autore degli articoli pubblicati sul *Chambers' Edinburgh Journal*, e due medici della Stiria, i dottori Vitzthum e Kaltenbrenner. Pose loro delle domande molto specifiche: se avessero visto con i propri occhi qualcuno assumere l'arsenico e in che dose, se avessero analizzato l'arsenico che assumevano per essere sicuri che si trattasse proprio del famoso veleno, se sapevano dove i contadini si procurassero il suddetto arsenico e se era stato somministrato anche ad animali.

Gli intervistati risposero con diligenza a ogni domanda. No, nessuno di loro aveva assistito di persona al consumo di arsenico, né tantomeno potevano esprimersi riguardo alla dose, ma di questa storia se ne parlava da almeno diciassette anni, e qualcuno di fiducia molto vicino a loro sì, li aveva visti, e tanto bastava. In una testimonianza definita «particolarmente importante», un uomo affermava di essere solito mangiare arsenico a colazione, e insomma, bisognava credere ai fatti. Quanto all'origine dell'arsenico, i contadini si procuravano la sostanza dagli erboristi o da venditori ambulanti austriaci, che lo vendevano con il nome di *hedri*. Questi ultimi a loro volta lo recuperavano perlopiù dagli operai delle fornaci di cobalto: dopo l'estrazione, infatti, il minerale veniva fuso in una fornace in modo da separarlo da altre impurità residue, come appunto l'arsenico. Durante questo processo, l'arsenico si volatizza e reagisce con l'ossigeno presente nell'atmosfera, generando dei fumi arsenicali dal forte odore agliaceo. Il triossido di arsenico che si andava a depositare lungo i condotti della ciminiera veniva infine raccolto. Non a caso, fino al XVIII secolo qualsiasi minerale velenoso veniva chiamato *Kobalt* dai minatori, proprio a causa della presenza di arsenico. Infine, riportò l'autore, non avevano avuto modo di far analizzare in laboratorio il suddetto arsenico, ma erano a conoscenza degli effetti sugli animali. All'epoca in quelle zone non era insolito somministrare arsenico ai cavalli. Il motivo era semplice: in questo modo le bestie avevano un aspetto più massiccio, il che veniva interpretato come sinonimo di salute. In realtà, anche questo effetto era solo apparente, poiché si trattava del mero risultato di un rigonfiamento del tessuto cellulare. Per la stessa ragione, fino al 2013, negli Stati Uniti vennero somministrati farmaci o mangimi contenenti piccole quantità di arsenico alle galline, in modo tale che le carni apparissero di un colore più sano.

W. B. Kesteven concluse l'articolo scrivendo che la storia dei mangiatori di arsenico era inverosimile, inconsistente e non supportata a sufficienza da fonti attendibili. Eppure, vi erano tante altre prove scientifiche che mostravano che questa popolazione era effettivamente in grado di consumare triossido di arsenico senza morire.

Così, di fronte a tanta incredulità e incertezza, agli stiriani non restò che iniziare una serie di dimostrazioni pubbliche per difendere la loro verità. La prima fu fatta proprio a Graz, città della Stiria, nel 1860 dal dottor Knapp. Costui presentò alla platea due uomini in perfetta salute e diede da mangiare, di fronte agli occhi di tutti, 400 mg di triossido di arsenico a uno e 300 mg di orpimento all'altro. Il giorno dopo, si ripresentarono di fronte alla platea in splendida forma. A supporto del fatto che avessero davvero ingerito arsenico, venne fatto un esame delle urine con il test di Marsh (vedi pp. 35-37), il quale risultò positivo.

La possibilità che i mangiatori di arsenico potessero esistere per davvero portò dunque alla nascita di quello che gli storici del diritto definirono in seguito come "difesa stiriana".

Nel 1857 a Glasgow una giovane donna di nome Madeleine Smith fu accusata di aver avvelenato il marito, un certo Pierre Emile L'Angelier. Durante l'autopsia, era stata ritrovata una quantità elevatissima di arsenico nello stomaco dell'uomo, e alcune tracce in molti altri organi. L'accusa sostenne che la sostanza fosse stata somministrata dalla donna, la quale voleva far fuori il marito e ricongiungersi con un altro uomo. La difesa, invece, rivendicò l'innocenza della donna e affermò che l'uomo si era suicidato. A supporto della loro tesi, l'avvocato difensore disse che l'uomo aveva usato un cosmetico all'arsenico per migliorare l'incarnato, seguendo una pratica comune tra i contadini della Stiria. Tuttavia, l'accusa ribatté che si dovevano informare meglio, poiché gli stiriani assumevano l'arsenico in piccole quantità per via orale, e non di certo esternamente come cosmetico. Sostenere che sciacquarsi la faccia con un po' di acqua all'arsenico avesse potuto provocare la morte di L'Angelier era una prova frivola. Inoltre, il quantitativo di sostanza ritrovata all'interno del corpo era così elevato che poteva derivare solo da un avvelenamento interno. La "difesa stiriana" non funzionò in questo caso, in quanto la giuria condannò Madeleine Smith all'ergastolo. Tuttavia, negli anni seguenti si ebbero molti altri casi giudiziari simili, come quello di Florence Maybrick, cittadina di Liverpool che nel 1889 fu accusata di aver ucciso il marito con l'arsenico, probabilmente estratto da fogli di carta moschicida; in ognuno di questi casi giudiziari l'accusa di avvelenamento volontario da arsenico veniva messo in discussione dal fatto che la vittima avrebbe potuto avere l'abitudine di assumere arsenico.

L'ironia della sorte volle che, oltretutto, un veleno letale come l'arsenico fosse in grado di allungare la vita *post mortem*. L'avvelenamento cronico da arsenico portava infatti a un altro curioso effetto collaterale: la buona conservazione dei cadaveri. Dal momento che è tossico anche per i microorganismi (non a caso in passato vi erano dei disinfettanti a base di arsenico), è in grado di ritardare la putrefazione dei corpi, mantenendoli intatti per molto tempo. Si può rilevare l'arsenico in ossa, unghie e capelli, ma anche ossa carbonizzate e ceneri, per moltissimi anni successivi al decesso (come nel caso della morte di Napoleone). Anche per questo motivo è una sostanza nota fin dall'antichità per la sua capacità di conservare i corpi, fenomeno che i tossicologi del XIX secolo definirono "mummificazione arsenicale", anche se parlare di mummificazione è tecnicamente improprio poiché il processo di decomposizione viene sì rallentato, ma non interrotto.

Se l'arsenicofagia fosse vera, meriterebbe una breve spiegazione scientifica. L'arsenico può esistere in moltissime forme, dalla liquida alla solida, ma non a caso i mangiatori di arsenico preferirono di gran lunga quella solida. Infatti il triossido di arsenico solido, conosciuto anche come "arsenico bianco", dà un vantaggio notevole in termini di controllo della dose. Anzitutto, a differenza della forma disciolta, è stabile e si riesce facilmente a quantificarlo a colpo d'occhio. Inoltre, l'assorbimento di un pezzettino di minerale, rispetto alla forma disciolta, è molto rallentato, e non verrà mai assorbito completamente dall'intestino. Anche l'accompagnamento con alimenti grassi come la pancetta non è una coincidenza, poiché oltre ad attenuare i dolori allo stomaco, ne diminuisce ulteriormente l'assorbimento. Se i mangiatori di arsenico lo avessero assunto in forma disciolta, probabilmente non sarebbero passati alla storia.

L'arsenicofagia è dunque un mito o una realtà? Qualunque sia la verità, sconsiglio vivamente di mangiare arsenico a colazione.

Il vino dei Borgia

1480, ROMA. Quando il 18 aprile 1480 venne al mondo, figlia di un'unione illegittima, Lucrezia aveva già due fratelli maggiori, Cesare e Juan (Giovanni), anche loro illegittimi. Sua madre, Vannozza Cattanei, era una locandiera, mentre suo padre a quei tempi era un cardinale spagnolo. Dodici anni dopo venne eletto papa, uno dei più famosi della storia. Stiamo parlando di papa Alessandro VI, cognome de Borja, italianizzato in Rodrigo Borgia.

Lucrezia legò enormemente fin da bambina con il fratello Cesare, un legame che mantennero saldissimo fino alla morte, tanto che le malelingue lo definirono addirittura incestuoso. La loro relazione non era soltanto affettiva, ma anche volta a consolidare il potere famigliare e a garantire loro una posizione sociale. Si pensa, infatti, che insieme si siano sbarazzati di non pochi nemici del padre.

Mentre Cesare non si faceva scrupoli nell'usare armi da taglio, Lucrezia preferiva di gran lunga i veleni: venivano aggiunti a bevande o cibo a insaputa dei malcapitati, tanto che i Borgia passarono alla storia come la famiglia di avve-

lenatori più temuta di tutto il Rinascimento. Alexandre Dumas, più di trecento anni dopo, scrisse il noto romanzo storico *Les Borgia*, in cui tracciava l'affresco di una famiglia piena di figure ambigue, tanto affascinanti quanto crudeli, e dipingeva Lucrezia come una donna spietata, senza scrupoli e ossessionata dai veleni. Si dice che i due *partner in crime* agissero seguendo le precise istruzioni del padre, arrivando a uccidere svariati cardinali (tre, stando a molte delle fonti disponibili; secondo altre, si trattò di addirittura otto).

Nella rosa di veleni a disposizione della famiglia Borgia – non uscivano mai di casa senza, secondo le dicerie –, si pensa che ce ne fosse uno particolarmente efficace, inventato da loro, noto con il nome di "cantarella". Secondo alcune fonti posteriori, come quella del capo medico dell'imperatore Carlo VI, Nicolas Garelli, il metodo di preparazione era alquanto insolito: in una versione della preparazione di questo veleno, si somministrava dell'arsenico a un maiale, il quale, una volta morto, veniva appeso a testa in giù. La schiuma che usciva dalla bocca dell'animale veniva raccolta e conservata in una bottiglia, a cui veniva aggiunta una miscela complessa contenente altro arsenico, *et voilà*: il veleno era pronto. In un'altra versione, invece, l'arsenico veniva direttamente cosparso sull'addome di un maiale precedentemente ucciso con il veleno. Il liquido che gocciolava dalla carcassa in decomposizione veniva raccolto e lasciato evaporare fino a che si formava una polvere bianca.

La leggenda narra che questo veleno fosse in grado di uccidere con una tempistica precisa, che poteva variare da qualche minuto a un anno, a seconda del desiderio dell'avvelenatore. La cantarella veniva rigorosamente aggiunta al vino, tant'è che la sostanza prese anche il nome di "vino dei Borgia". Si vociferava che gusto e colore del vino rimanessero inalterati, o addirittura migliorassero, e i sintomi provocati, perlopiù gastrointestinali, potevano essere tranquillamente scambiati con quelli causati da un'intossicazione alimentare o altre malattie. Si diceva anche che non esistesse antidoto. «Se vuoi vivere, non cenare con i Borgia» divenne una frase molto comune all'epoca.

Ci sono diverse ipotesi sull'origine del nome "cantarella". Potrebbe derivare dalle cantaridi, un tipo di insetto noto poiché la sostanza contenuta al suo interno, la cantaridina, sarebbe afrodisiaca se assunta per bocca ma provocherebbe vesciche quando entra in contatto con la pelle. Altre teorie sostengono invece che derivi dal greco *kántharos* o dal latino *cantharellus*, termini usati per indicare una piccola tazza, che rimanderebbe dunque al recipiente nel quale si era soliti versare il veleno (un bicchiere o una tazza, per l'appunto).

Qualunque sia l'origine, i tossicologi odierni concordano nel definire la cantarella una leggenda. Non esiste un veleno in grado di uccidere con una tempistica così precisa, naturalmente, e soprattutto in grado di agire in maniera ritardata (si diceva addirittura un anno dopo essere stato assunto per via orale). Molto più probabilmente si trattava di semplice arsenico mescolato, si pensa, a nitrato di argento, antimonio e acetato di piombo, e la morte, quando avveniva, sopraggiungeva nel giro di poco tempo.

Dunque Lucrezia venne a lungo descritta come una manipolatrice, arrivista, vittima di molti pregiudizi a causa del suo cognome e per il fatto di essere donna. Tuttavia, dopo essersi sposata per la terza volta e trasferitasi a Ferrara, dimostrò di essere una persona ben diversa da ciò che ci si poteva aspettare, e le pesanti accuse vennero in parte smentite: quando giunse in città con il marito Alfonso I d'Este, figlio ed erede del duca Ercole I, in molti rimasero abbagliati dalla sua saggezza e perspicacia. Da grande amante della musica (soprattutto dell'opera), del ballo e della moda, contribuì a introdurli a Ferrara, rendendo la città molto più solare, raffinata e allegra. Divenne presto anche amministratrice dei territori della Chiesa, grazie alle sue brillanti capacità e alla grande fiducia che il padre riponeva in lei, e il marito le assegnò anche l'incarico di reggente del ducato. Nel 1505 divenne, infatti, duchessa di Ferrara, e si occupò della prosperità della regione fino alla sua morte. Investì ingenti somme di denaro per bonificare alcuni terreni, incentrando l'economia sull'allevamento, in particolare di bufale, e contribuendo così ad aumentare il benessere della città rendendosi parzialmente indipendente. Da sempre religiosissima, dovette affrontare il lutto di numerosi figli (quattro dei quali morirono prima dell'adolescenza) e del marito, che rafforzarono ancora di più la sua fede. Trascorse moltissime ore a pregare nel monastero del Corpus Domini a Ferrara, aiutava i bambini abbandonati ed era solita recarsi nelle case dei concittadini per cercare di dar loro conforto in una vita caratterizzata da angosce e sofferenze. Sfortunatamente, il 24 giugno 1519 morì mentre stava dando alla luce una bambina. Aveva appena compiuto trentanove anni.

Oggi c'è ancora molto dibattito attorno alla sua figura, che resta avvolta da luci e ombre. C'è chi non ha remore nel ricordarla come una perfida avvelenatrice, rivendicando la "leggenda nera" dei Borgia, e chi preferisce ricordarla come l'ammirevole e rispettata duchessa di Ferrara, attribuendo le accuse a semplici pettegolezzi e stereotipi. È probabile che Lucrezia, a differenza di Cesare, non abbia mai ucciso nessuno e che sia stata solo una pedina nelle mani del padre; come si suol dire, però, la verità giace spesso nel mezzo.

L'acqua delle vedove

1620, PALERMO. In punto di morte, Mozart avrebbe pronunciato le seguenti parole: «Sento che non durerò molto a lungo; sono sicuro di essere stato avvelenato. Non riesco a liberarmi da questa idea… Qualcuno mi ha dato dell'acqua tofana e ha calcolato l'ora precisa della mia morte!».

Siamo nel 1620, a Palermo, e in una famiglia poverissima nascerà una donna di nome Giulia che diventerà molto nota negli anni a venire per essere riuscita a commercializzare uno dei veleni più famosi di tutti i tempi: l'acqua tofana. Lo scopo di questo veleno, conosciuto anche con il nome di "acquetta di Napoli", era semplice quanto astuto: aiutare le donne a sbarazzarsi dei mariti violenti.

Nel XVII secolo il divorzio non esisteva ancora. Le donne non avevano diritti legali, politici o sociali; la loro condizione era totalmente subordinata a quella del marito. E quando erano vittime di violenze domestiche, davanti a loro non si prospettava praticamente alcuna alternativa: l'uomo violento veniva giustificato dalla comunità perché evidentemente aveva sposato una "cattiva moglie", e aveva dunque i suoi buoni motivi per essere arrabbiato, anche perché le violenze restavano una questione privata all'interno del matrimonio, non di certo un crimine. A questo si associava poi la dipendenza economica delle donne dai mariti e l'assenza di qualsiasi protezione legale; di fatto, l'unica possibilità era sopportare gli abusi in silenzio. Finché non arrivò Giulia Tofana. O almeno così vuole la narrazione popolare.

Attorno alla sua figura sono nate moltissime leggende, in gran parte dovute alle superstizioni sui veleni e sulle donne, additate spesso come streghe, che hanno portato a un arricchimento fantasioso del personaggio. Le testimonianze giunte sino a noi sono spesso frammentate e contraddittorie, avvolte da un'aura di mistero; qui di seguito viene riportata la versione che ritengo essere la più attendibile.

Giulia, quando aveva appena compiuto tredici anni, dovette assistere alla tragica esecuzione della madre, Teofanìa di Adamo, accusata di aver somministrato al marito un veleno che lo uccise in soli tre giorni. Nello stesso periodo un'altra donna, di nome Francesca la Sarda, sarebbe stata giustiziata per aver ucciso il marito in un modo molto simile: si ipotizza infatti che le due donne, prima della loro morte, avessero lavorato insieme per creare un veleno mortale. Teofanìa ne sarebbe stata l'inventrice, mentre Francesca l'avrebbe solo assistita; per questo la miscela segreta avrebbe preso il nome di "acqua tufània".

Sembra che sia stata proprio Teofanìa ad aver tramandato la conoscenza dei veleni a Giulia, la quale continuò a preparare l'acqua tofana anche dopo la sua morte. Si sarebbe trattata di una miscela composta da una soluzione a base di triossido di arsenico, antimonio, piombo e cloruro di mercurio, a cui si aggiungeva poi un ulteriore passaggio finale per rendere la soluzione insapore. L'altra particolarità di questo veleno era che, aggiunta qualche goccia al vino o alla zuppa, pareva fosse in grado di uccidere lentamente la vittima.

Si diceva che già dopo una dose la persona mostrasse debolezza fisica, dopo due dosi problemi gastrointestinali e forte bruciore alla gola, e alla terza, o massimo quarta dose, il malcapitato cedesse. Inoltre, non lasciava segni nel corpo, e il decesso poteva essere facilmente attribuito ad altre cause. Ricordiamo che siamo ancora ben lontani dalla nascita della tossicologia forense e di tecniche accurate che permettessero un'analisi chimica attendibile. Fino a quel momento, infatti, per capire se la persona fosse stata avvelenata veniva aperto il cadavere e, se si percepiva un odore di aglio al suo interno, allora la vittima aveva sicuramente ingerito arsenico. In effetti, quando i composti contenenti arsenico entrano in contatto con l'idrogeno sviluppano un gas chiamato arsina (vedi pp. 35-37), il quale ha un odore agliastro, anche se di certo non abbastanza forte per essere riconoscibile così a naso in un cadavere.

Grazie al potente passaparola, sempre più donne cominciarono a rivolgersi a Giulia, e gli affari decollarono. Ebbe dunque presto bisogno di una complice, così si rivolse a una giovane donna di nome Girolama Spara. Quando però le autorità le sorpresero a Palermo con una retata, dovettero fuggire a Roma e proseguirono lì a espandere il loro commercio. L'arsenico bianco, che era l'ingrediente principale del prodotto, veniva fornito dal prete di una chiesa nel centro di Roma, padre Girolamo di Sant'Agnese. Il fratello del religioso era infatti farmacista, e aveva così accesso a un'ampia fornitura. Secondo questa versione, Giulia Tofana morì nel 1651 per cause sconosciute, senza probabilmente essere mai stata scoperta dalla polizia.

In un'altra versione, invece, si sarebbe rifugiata in un convento e avrebbe continuato a vendere i suoi veleni tramite suore e sacerdoti. In ogni caso, lei e la sua proverbiale acqua passarono alla storia, tanto che da quel momento in poi, e per tutto il XVIII e XIX secolo, il termine "tofana" venne utilizzato volgarmente per indicare tutti i veleni ad azione lenta. Piano piano si diffuse anche la convinzione che l'acqua tofana fosse un veleno potentissimo con delle caratteristiche ben lontane dalla realtà. Per esempio, veniva detto che la morte avveniva in maniera lenta, con pochi sintomi evidenti, mentre sappiamo che i sintomi c'erano eccome, e che il veleno impiegava appena qualche giorno (non mesi, come si vociferava) per portare al decesso. Anche la possibilità di calcolare esattamente l'ora della morte, come affermò Mozart, è falsa: tant'è che la vera causa di morte del famoso compositore resta tuttora un mistero.

Sempre secondo alcune fonti, nel 1659, dopo la morte di Giulia Tofana, Geromina Spara formò una società in cui insegnò alle donne come uccidere i propri mariti grazie ai veleni. Continuò a distribuire l'acqua tofana riponendola in piccole fiale che riportavano la scritta MANNA DI SAN NICOLA DI BARI su un lato, e l'immagine del santo sull'altro. Si diceva, infatti, che un olio miracoloso sgorgasse direttamente dalle ossa di san Nicola, sepolto in una chiesa a Bari: quest'olio veniva comunemente distribuito in fiale nelle case dell'epoca e usato ingenuamente (e incautamente) per curare diverse malattie. In questo modo l'acqua tofana, spacciata per un potente cosmetico, poteva passare inosservata e venduta sottobanco.

Sembrava andare tutto per il meglio, finché l'inganno non venne scoperto. Alcune fonti suggeriscono che una cliente un po' maldestra venne colta in flagrante nel tentativo di avvelenare il marito, altre che una moglie pentita confessò tutto prima che il malcapitato mangiasse la zuppa avvelenata, altre ancora che un agente di polizia identificò una delle complici di questo traffico. Insomma, per un motivo o per l'altro, le donne coinvolte, tra cui Girolama Spara, vennero impiccate pubblicamente, sotto gli occhi di una folla enorme. A Roma venne esposto pubblicamente un avviso che descriveva i sintomi dell'acqua tofana per mettere in guardia chi l'avesse ingerita senza saperlo, e come antidoto veniva suggerito di provare con aceto e succo di limone.

A Giulia Tofana vennero attribuiti più di seicento avvelenamenti riusciti.

La storia dell'acqua tofana è basata su fatti realmente accaduti, e sicuramente ha influenzato molte epoche a venire, ma al contempo è ricca di leggende, magia e superstizioni. Ancora oggi, a Palermo, vi sono in commercio dei prodotti (ovviamente innocui) che per ragioni di marketing portano questo nome.

C'è solo un quesito che continua a dividere il pubblico: Giulia Tofana è stata una serial killer o un'eroina?

IDENTIKIT

Triossido di arsenico

FORMA FISICA

Esistono molte forme di arsenico. Il metallo As è solido a temperatura ambiente. La più comune e storicamente usata come veleno è il triossido di arsenico (As_2O_3), conosciuto anche come arsenico bianco o *poudre de succession* (polvere degli eredi). Si presenta come un solido cristallino poco solubile in acqua e quasi insapore. Quando reagisce con l'idrogeno, si forma il gas arsina (AsH_3), che ha un odore agliastro.

VIE DI SOMMINISTRAZIONE

Orale, inalatoria e cutanea.

DOSE LETALE

Per via orale, la dose letale acuta di triossido di arsenico corrisponde all'incirca a 200 mg, ma può variare a seconda delle dimensioni delle particelle. La dose letale cronica non è nota. È tossico anche per via inalatoria, meno per via cutanea.

EFFETTI

Va a reagire con i gruppi sulfidrilici degli enzimi mitocondriali andando così a interferire con la respirazione cellulare. In particolare, induce una disfunzione endoteliale, con conseguente aumento della permeabilità vascolare. Il triossido di arsenico, quando viene ingerito, provoca sintomi gastrointestinali (vomito e diarrea, anche sanguinolenti), disidratazione e shock ipovolemico. Se entra in contatto con la pelle, può provocare eczemi e ipercheratosi. Se invece viene inalato il gas arsina, si ha anemia emolitica acuta. L'arsenico inorganico è un cancerogeno certo (classificazione IARC). Si possono rilevare tracce di arsenico in tutti gli organi, compresi il feto e la placenta.

ANTIDOTO

Non vi è un antidoto specifico. Vengono usati degli agenti chelanti come terapia di supporto nei casi sintomatici da personale specializzato. Gli agenti chelanti non hanno effetti nei confronti del gas arsina.

RIMEDI

Ricovero ospedaliero, a cui seguirà lavanda gastrica, stabilizzazione emodinamica, emodialisi o agenti chelanti a seconda dei casi. Viene eseguito solamente da personale specializzato.

CURIOSITÀ

Tra le tristi modalità con cui alcune popolazioni sono entrate in contatto con questa sostanza, ci sono anche le falde acquifere contaminate in Paesi come Argentina, Bangladesh, Cambogia, Cile, Cina, India, Messico, Pakistan, Stati Uniti d'America e Vietnam (fonte: WHO). Il rischio aumenta quando l'acqua contaminata viene bevuta, usata per irrigare le coltivazioni o preparare le pietanze.

Mercurio

Il Cappellaio Matto è stato avvelenato?

1862, OXFORD. È il 4 luglio, e il matematico e professore di Oxford Charles Lutwidge Dodgson, meglio conosciuto con lo pseudonimo di Lewis Carroll, decide di fare un giro in barca a remi sul Tamigi accompagnato dall'amica Alice Liddell e le sue due sorelle. In questa giornata torrida, Charles iniziò a raccontare una storia per intrattenere le ragazzine. «C'era una volta una bambina di nome Alice, intelligente e curiosa del mondo, che stava seduta sull'erba in compagnia delle sue due sorelle maggiori, proprio come voi ora. Stavano ascoltando una storia non particolarmente interessante e, a dirla tutta, Alice si stava proprio annoiando. A un tratto, però, i suoi occhi incrociarono un coniglio bianco che saltellava veloce e continuava a controllare ossessivamente il suo orologio da taschino. Così la bambina, incuriosita, si alzò e seguì il Bianconiglio nella sua tana…»

Tre anni dopo, quando *Le avventure di Alice nel Paese delle Meraviglie* uscì nelle librerie londinesi, riscosse un successo immediato. Conquistò naturalmente il cuore dei più piccoli, ma anche quello degli adulti, che lo lessero con molto interesse e divertimento. A contribuire in modo significativo a questo trionfo ci fu la mano artistica di Sir John Tenniel, il quale si occupò di dare forma ai personaggi più fantasiosi e iconici della storia, come la Regina di Cuori, il Brucaliffo e il Cappellaio Matto.

Proprio quest'ultimo personaggio è da sempre uno dei più chiacchierati e amati nella storia del cinema: nel film del 2010 *Alice in Wonderland*, firmato da Tim Burton, è stato interpretato nientemeno che da Johnny Depp. Il Cappellaio in questione viene messo in scena con una folta parrucca di capelli ricci di colore arancione, vistose macchie scure sulle dita e una personalità piuttosto eccentrica. È l'incarnazione perfetta dell'espressione inglese «*mad as a hatter*», ovvero «matto come un cappellaio». Questo modo di dire era già noto agli inizi dell'epoca vittoriana, ben prima che il romanzo di Carroll venisse pubblicato. Ma da dove derivava? Perché mai i cappellai avrebbero dovuto essere "matti"? La causa era l'avvelenamento provocato da un metallo pesante: il mercurio.

L'epoca vittoriana, caratterizzata da un'estetica sontuosa, rigorosa ed elegante, vide la nascita di una nuova industria della moda, in cui a farla da padrone erano gonne ampie e gonfie per le gentildonne e cappelli a cilindro per i gentiluomini.

Il materiale di questi copricapi era il feltro, particolarmente resistente e modellabile, realizzato seguendo dei procedimenti alquanto laboriosi. Gli operai che lavoravano nell'industria dei cappelli iniziavano a preparare la materia prima partendo dai manti di conigli, lepri, castori e talvolta anche cammelli, scelti soprattutto in base alla lunghezza e

lucentezza del pelo. Il passaggio della separazione dei peli dalle pelli era particolarmente critico poiché bisogna evitare di danneggiare le fibre, in modo da recuperare del pelo di alta qualità. Fino al XVII secolo questa operazione veniva effettuata usando l'urina. L'usanza di impiegare l'urina come agente ammorbidente risaliva ai Romani, i quali nelle fulloniche, ovvero le antiche lavanderie in cui venivano preparati i tessuti, utilizzavano miscele di acqua e urina per trattare la lana. Nei luoghi più affollati delle città romane, infatti, erano presenti dei *dolii* interrati, ossia degli ampi recipienti di terracotta che venivano utilizzati come latrine pubbliche. I rifiuti liquidi dei passanti venivano poi riutilizzati proprio nelle fulloniche.

All'epoca dell'industria dei cappelli l'urina veniva usata più o meno per lo stesso motivo. Certo non si poteva fare troppo gli schizzinosi. Presto, però, ci si rese conto di una particolarità: l'urina dei lavoratori con la sifilide era più efficace di quella dei lavoratori sani. Questo avveniva per una semplice ragione: la sifilide, malattia diffusissima a quei tempi, veniva trattata con delle soluzioni a base di mercurio, il quale era in gran parte eliminato dal corpo tramite l'urina. Si comprese dunque che era proprio questo elemento a renderne ottimale l'utilizzo per la lavorazione dei pellami: anziché l'urina, quindi, si iniziò ad aggiungere alle vasche soluzioni di nitrato di mercurio. Il risultato fu sorprendente: i manti degli animali venivano via con molta più facilità, si compattavano meglio grazie all'aumentata adesione tra le fibre, e il feltro finale risultava essere di alta qualità, ovvero più denso, impermeabile e resistente. L'urina venne così gradualmente abbandonata.

Immerse in vasche calde di nitrato di mercurio per un'azione ammorbidente, le pellicce di animale venivano dunque sottoposte a una delicata spellatura. Il pelo così ottenuto veniva accuratamente cardato per allineare le fibre e liberarlo da impurità, utilizzando semplici strumenti, spesso anche solo le mani o i denti. Strati sovrapposti di questo materiale venivano poi sottoposti a cicli di vapore e pressione per compattarli. Infine, modellati su blocchi di legno o metallo, i futuri cappelli venivano asciugati in stufe o forni, assumendo la forma desiderata.

Durante tutto il processo, gli operai inalavano costantemente enormi quantità del vapore di questa sostanza altamente tossica. Spesso erano costretti a lavorare in stanze molto piccole e non arieggiate, il che portava a un accumulo del mercurio nel corpo e a un conseguente danneggiamento di vari organi interni. I cappellai di questo periodo soffrivano infatti di una condizione nota come "eretismo mercuriale", che si manifestava con sintomi quali tremori delle mani (noto proprio come "tremore del cappellaio"), irritabilità, sbalzi di umore, difficoltà di concentrazione e articolazione delle parole, visione offuscata e delirio. Agli occhi esterni apparivano piuttosto strani, imprevedibili… insomma: folli. E da qui nacque l'espressione britannica «matto come un cappellaio», usata per indicare personalità eccentriche e un po' squilibrate.

Non è dunque un caso che il Cappellaio Matto interpretato da Johnny Depp sia il frutto di una elaborata costruzione visiva per rievocare la condizione dei lavoratori dell'Ottocento. Il dettaglio delle macchie scure sulle dita potrebbe infatti richiamare la fase iniziale di preparazione delle pelli, durante la quale gli operai dovevano immergere le mani nelle vasche di nitrato di mercurio, di colore arancione, macchiandosele. Non a caso questo procedimento prende anche il nome di *carroting* in inglese, proprio perché i manti degli animali assumevano un colore arancione-rossastro, di intensità variabile a seconda del tipo di pelo, della concentrazione di mercurio e del tempo di immersione. Da qui capiamo anche la scelta di raffigurare il personaggio con i capelli arancioni. Naturalmente si tratta di un'esagerazione, poiché i cappellai non avevano davvero i capelli arancioni, ma forse con il vapore si potevano macchiare leggermente, così come anche nel passarsi le dita sporche tra le ciocche.

I gentiluomini che invece indossavano il prodotto finito non rischiavano alcunché, dal momento che i cappelli venivano foderati internamente con la seta, la lana o il cotone, a seconda delle esigenze, e inoltre il mercurio era già evaporato in grandissima parte durante la fabbricazione. A correre il pericolo maggiore erano i lavoratori, come abbiamo visto; e di questa lavorazione tra l'altro ne risentiva anche l'ambiente, dal momento che gli scarti tossici venivano riversati direttamente nei corsi d'acqua, con conseguenze disastrose per l'ecosistema e per la salute di uomini, piante e animali.

Nonostante l'iniziale negazione del problema, soprattutto da parte dei datori di lavoro, il *carroting* venne gradualmente abbandonato nel corso della seconda metà del XIX secolo, e il nitrato di mercurio venne sostituito con sostanze ossidanti meno tossiche come il perossido di idrogeno. La consapevolezza dei rischi e la documentazione di casi di avvelenamento tra i cappellai fecero sì che l'uso del mercurio in questo contesto venisse proibito in Inghilterra a partire dagli anni Venti del XX secolo, negli Stati Uniti dagli anni Quaranta e in Francia dagli anni Cinquanta.

Lo sguardo allucinato e l'espressione sofferente di Johnny Depp ci restituiscono però molto bene il dramma dei lavoratori di quei tempi. Eppure il personaggio descritto nelle opere originali di Lewis Carroll sembra tutto sommato abbastanza lontano dalla descrizione dei cappellai inglesi: non si fa mai cenno all'avvelenamento da mercurio nel racconto, i suoi capelli non sono arancioni ma bianchi, e le dita non vengono mai descritte come macchiate. L'unica cosa che poteva avere in comune con i cappellai era il fatto di essere "matto", e difatti l'espressione esisteva già nel momento in cui il romanzo è stato scritto. Di fatto, anche se Lewis Carroll non ha forse rievocato dettagliatamente la condizione di questi lavoratori attraverso il personaggio del Cappellaio Matto, ciò che è certo è che la sua figura evoca tutt'oggi lo spaccato di una triste realtà lavorativa che non andrebbe dimenticata.

C'è un'ultima, curiosa annotazione da fare: gli studiosi nel tempo hanno affermato che è molto più probabile che l'autore abbia voluto in realtà ricreare la caricatura di un noto commerciante di mobili, un certo Theophilus Carter, famoso per le sue idee eccentriche: fra i suoi tratti distintivi c'erano proprio l'abitudine di indossare sempre un cappello a cilindro, il carattere molto estroverso e una mente estremamente creativa, ricca di mille idee. Anche se non è mai stato appurato con certezza, secondo alcune fonti Theophilus sarebbe stato l'inventore dell'*Alarm Clock Bed*: un letto provvisto di un meccanismo che, per svegliare il dormiente, lo rovesciava in una vasca di acqua appena scattava la sveglia. Insomma: anche senza mercurio, è certamente coinvolta una sana dose di follia.

La cura per la forfora

1873, AUSTRALIA. La protagonista di questa storia è una bambina di nome Elizabeth Lillian Oliver. Dire che ha avuto un'infanzia difficile sarebbe un eufemismo e un'indegna approssimazione: nata nel 1847 a Burra, una città dell'Australia Meridionale a qualche centinaio di chilometri da Adelaide, perse la sorella minore a pochi anni dalla sua nascita e venne abbandonata dalla madre quando aveva appena quattro anni. Quando ne aveva solo nove suo padre morì di tisi, all'età di sette fu vittima di stupro e, poco tempo dopo, dovette anche assistere al brutale omicidio di un'amica di famiglia da parte delle truppe governative.

Poiché la vita era diventata troppo difficile da sopportare, le venne prescritto dell'oppio per aiutarla in qualche modo a superare i traumi psicologici, ma, ahimè, ne divenne presto dipendente. Trovò lavoro in una farmacia, dove poteva facilmente fare in segreto scorte della sostanza. Verso i diciotto anni, inaspettatamente, ricevette una lettera: era la madre, che le confessava che era ancora viva e vegeta e che viveva a Moonta, un'altra città a pochi chilometri da Burra. Così Elizabeth la raggiunse, e la madre, mostrandosi profondamente addolorata per averla lasciata sola ad affrontare un'esistenza così terribile, la riprese subito a vivere con sé e il suo nuovo marito.

Elizabeth visse in quella casa per circa due anni, lavorando come insegnante in una scuola domenicale e riuscendo anche a superare la propria dipendenza, dato che non aveva più accesso all'oppio... almeno finché non incontrò Sir Thomas Woolcock. L'uomo era da poco rimasto vedovo e con un figlio a carico, e inizialmente Elizabeth andò a lavorare da lui come governante. Tuttavia, ciò venne visto come scandaloso dalla società dell'epoca, soprattutto dal suo patrigno, il quale la accusò di intrattenere il datore di lavoro anche in altri modi, e minacciò pesantemente la figliastra se non avesse smesso di rendere visita a Sir Woolcock. Così, forse anche solo per mettere a tacere i pettegolezzi, Thomas chiese la mano di Elizabeth. I due si sposarono nel salotto del cottage di lui.

Se l'infanzia della ragazza era stata molto dolorosa e piena di violenza, la vita adulta non fu da meno. Suo marito si rivelò presto essere un alcolizzato che la trattava nel peggiore dei modi, con sevizie e insulti, tanto che la donna cercò di togliersi la vita più volte. Tentò anche di scappare, ma ogni volta che ci provava Thomas la riacciuffava sempre e la trascinava con la forza a casa. Così presto Elizabeth ritornò ad assumere sostanze, dovendo sempre fare dei grossissimi sforzi per potersele procurare.

A luglio del 1873 Sir Woolcock si ammalò, e venne subito preso in carico da diversi medici. Il dottor Bull gli prescrisse uno sciroppo e delle pillole per la gola a base di mercurio, ma dato che il paziente non sembrava migliorare, intervenne il dottor Dickie, il quale gli prescrisse cremor tartaro e rabarbaro per dei problemi gastrici. Anche in questo caso Thomas non mostrò segni di guarigione, così intervenne un terzo medico, il dottor Herbert, il quale iniziò a trattarlo per "eccessiva salivazione da mercurio". Le sue condizioni migliorarono, ma dato che le cure erano troppo costose Sir Thomas tornò a rivolgersi al dottor Dickie. Peggiorò nuovamente, e di lì a poco morì.

Il dottor Dickie sentenziò che il paziente era deceduto perché si era eccessivamente disidratato a causa delle purghe e del vomito incessante, ma una cugina particolarmente vicina al defunto continuava a insistere che fosse stata Elizabeth a ucciderlo. Fino al 1828, uccidere il proprio marito era un reato aggravato facente parte dei trecento peccati capitali del *Bloody Code* (l'insieme di leggi attive nei territori dell'Impero britannico all'epoca, così denominato per l'altissimo numero di reati punibili con la morte). Tanto bastò per far aprire un'inchiesta.

Elizabeth soffriva di forfora, per cui era solita acquistare un prodotto a base di mercurio per curare il cuoio capelluto. All'epoca era alquanto comune usare questa sostanza per curare svariati problemi dermatologici. Basti pensare che in quegli anni, e per buona parte del Novecento, divennero molto popolari anche degli unguenti per rimuovere le lentiggini, come la crema sbiancante Dr. Berry's Freckle Ointment, a base di mercurio per l'appunto. Questa crema riusciva effettivamente a schiarire la pelle grazie all'inibizione della melanina, ma a lungo andare poteva portare all'avvelenamento cronico da mercurio. Nel corso degli anni ci si rese poi conto degli effetti tossici del mercurio, ma nonostante ciò si continuò a vendere l'unguento, diminuendo solo leggermente la concentrazione della sostanza tossica. Fu solo nel 1938 che la Food and Drug Administration americana ridusse drasticamente la concentrazione di mercurio consentita nei cosmetici al 5%.

Elizabeth aveva dunque in casa diverse scorte di precipitati di mercurio, che vennero ritrovate dalla polizia. Decisero di svolgere un'autopsia sul corpo di Sir Thomas: furono riscontrate alte concentrazioni della sostanza nel cadavere. Il dottor Bull, che durante la malattia gli aveva prescritto pillole a base di mercurio, negò ogni coinvolgimento, e disse che il quantitativo assunto era troppo esiguo per provocare la morte.

A questo si aggiungeva il fatto che Elizabeth non appariva particolarmente addolorata per la perdita del marito e che il figliastro affermò in aula di essere andato in farmacia a comprare la sostanza per conto della matrigna. La giuria aveva trovato la colpevole perfetta: Elizabeth venne accusata di essere un'avvelenatrice.

A nulla servì la difesa, che insistette sull'assurdità delle accuse, affermando che non solo la donna non aveva un movente, ma era anche improbabile che fosse così esperta di veleni e della loro somministrazione, dato che non aveva ricevuto alcun tipo di istruzione. Ma l'accusa replicò affermando che Elizabeth era una donna «criminalmente abile nell'avvelenamento cronico» (non dimentichiamo che aveva anche lavorato in farmacia), e che era stata scoperta semplicemente perché aveva sottovalutato le tracce di veleno che sarebbero rimaste nel cadavere. Non c'erano dunque dubbi: Elizabeth, una donna, amante dei veleni e accusata anche di infedeltà, aveva ucciso il marito.

La giuria deliberò in appena venticinque minuti, e la dichiarò colpevole, chiedendo però la clemenza data la giovane età dell'imputata. Tuttavia, il governatore emise la sentenza di morte per il dicembre di quell'anno. Il giorno dell'esecuzione, Elizabeth venne prelevata dalla sua cella alle otto di mattina e trascinata al luogo dell'impiccagione senza proferire parola. Secondo i memoriali dell'epoca, la morte sopraggiunse in maniera lenta e dolorosa. Aveva solo ventisei anni.

L'anno dopo, venne reso pubblico un testo noto come *Confession of Elizabeth Woolcock*, consegnato pochi giorni prima dell'esecuzione da Elizabeth in persona a James Bickford, ministro di Adelaide, e che si sarebbe potuto aprire e leggere solo dopo la sua morte. Nel testo, Elizabeth raccontava dettagliatamente la sua dura vita, ripercorrendo i momenti più dolorosi dall'infanzia al matrimonio, e si dichiarava fermamente innocente.

Lo scrittore Allan Peters e sua figlia Leeza, dopo più di trent'anni di ricerche, hanno riaperto il caso, rianalizzando le prove scientifiche e raccogliendo tutte le informazioni in due volumi: *No Monument of Stone* e *Dead Woman*

Walking. Il loro scopo è cercare di far avviare un'indagine ufficiale e concedere una grazia postuma a Elizabeth. Se ci riusciranno o no, è ancora tutto da vedere. A oggi, Elizabeth resta l'unica donna mai condannata a morte nello Stato dell'Australia Meridionale. Ancora oggi, periodicamente, c'è chi depone fiori sulla sua tomba.

IDENTIKIT

Mercurio

FORMA FISICA

A temperatura ambiente questo metallo si presenta in forma liquida. Esistono numerosi composti, come calomelano (Hg_2Cl_2), solfuro di mercurio (HgS), cloruro mercurico ($HgCl_2$) e ossido mercurico (HgO).

VIE DI SOMMINISTRAZIONE

Orale, inalatoria e cutanea.

DOSE LETALE

La tossicità dipende dalla forma di mercurio con cui si viene in contatto: il mercurio liquido è il "meno" tossico, mentre il vapore di mercurio è estremamente pericoloso. In ogni caso, il mercurio è tossico sia per via inalatoria sia per assorbimento cutaneo. Uno dei meccanismi d'azione meglio identificati è l'inattivazione enzimatica tramite il legame con i gruppi sulfidrici delle proteine nelle cellule.

Il cloruro mercurico (mercurio inorganico) è letale per via orale a una dose di circa 500 mg in un adulto.

Il metilmercurio, la forma organica più pericolosa, è fatale per via orale a una dose di circa 200 mg nell'adulto. È in grado di passare la barriera ematoencefalica, ossia è una di quelle sostanze che riesce a penetrare nel tessuto cerebrale quando entra nell'organismo: un'altra delle caratteristiche che contribuiscono a rendere il metilmercurio particolarmente pericoloso.

EFFETTI

Il vapore di mercurio provoca bronchite, polmonite interstiziale, effetti sul sistema nervoso centrale e può portare alla morte.

L'intossicazione acuta da mercurio inorganico provoca problemi gastrointestinali (gastroenterite violenta), problemi ai reni (organo bersaglio principale) e danni al sistema nervoso.

Il mercurio organico dà neurotossicità (parestesia, ossia un formicolio/pizzicore diffuso; atassia, cioè difficoltà di controllo dei muscoli ed equilibrio; perdita di vista e udito, tremore, difficoltà a deglutire e nell'articolare parole), coma e morte.

ANTIDOTO

Agenti chelanti come il dimercaprolo (o BAL), il più usato; cisteina, EDTA o penicillamina.

RIMEDI

Emodialisi (soprattutto in caso di insufficienza renale acuta) in associazione con agenti chelanti.

CURIOSITÀ

Tra i più famosi casi di avvelenamento da mercurio nella storia c'è quello di cui pare abbia sofferto nientemeno che Abraham Lincoln: fino a poco tempo prima di diventare presidente, infatti, Lincoln assumeva regolarmente delle pillole conosciute come "*blue mass*", che all'epoca venivano utilizzate per curare una moltitudine di sintomi (dalla depressione, alla costipazione, alla tubercolosi, al mal di denti, fino persino ai dolori del parto), il cui componente principale era proprio il mercurio. Oggi si ritiene che questo medicamento possa aver contribuito ai suoi noti sbalzi di umore, attacchi di rabbia e comportamenti bizzarri. Leggendo le fonti, però, si scopre che, prima di diventare presidente, fortunatamente smise di assumere le pillole blu e le rabbie improvvise e i comportamenti bizzarri diminuirono gradualmente fino a sparire.

Tallio

L'avvelenatore delle tazze da tè

1961, LONDRA. È possibile che qualcuno diventi un avvelenatore seriale? Per quanto i serial killer esistano da sempre (abbiamo testimonianze fin dall'antichità, anche se si è iniziato a studiarli sistematicamente solo nella seconda metà del XX secolo), i metodi da loro scelti sono perlopiù armi da fuoco o oggetti contundenti. E se già l'uso del veleno è da sempre meno diffuso, utilizzarlo in modalità seriale lo è ancora meno. Un evento più unico che raro. In questa categoria, Graham Young si distingue come un caso eccezionale: soprannominato "L'avvelenatore delle tazze da tè", si stima che abbia somministrato diversi tipi di veleno a circa settanta persone, un numero che lo colloca tra i più prolifici avvelenatori della storia.

Graham Frederick Young è un giovane londinese, nato nel 1947, con una grande passione per i veleni. Sembra che questo interesse si sia sviluppato in lui fin dalla più tenera età. Non ebbe un'infanzia semplice: sua madre morì di tubercolosi quando aveva appena qualche mese di vita e, dato che il padre non se la sentiva di accudirlo da solo, venne cresciuto dai suoi amatissimi zii, mentre la sorella Winifred fu presa in cura dalla nonna. All'età di tre anni il padre si risposò e così riprese i figli a vivere in casa con la nuova moglie. Graham, che aveva già inevitabilmente sofferto del distacco dai genitori, dovette ora subire anche il distacco dalla zia, il che provocò in lui molto dolore. Come se non bastasse, fin da subito ci furono aperte ostilità con la matrigna, e il suo carattere introverso e riservato si inasprì sempre più.

La sua ossessione per la chimica, la sperimentazione e i veleni prese piede non appena fu in grado di sviluppare pensieri più complessi: già all'età di nove anni rubava le boccette di solvente e smalto per unghie per analizzarne il contenuto, sapeva descrivere alla perfezione i sintomi dell'overdose da farmaco e collezionava flaconi di medicine scadute che recuperava dal bidone di scarico di una farmacia locale. Suo padre cercò di assecondarlo per quanto possibile in questa sua grande passione: gli comprò un set per fare esperimenti in casa, *Il piccolo chimico* che tutti conosciamo bene. Gli esperimenti, però, sfuggirono un po' di mano: si racconta, infatti, che durante un tentativo finito male i mobili della camera da letto presero fuoco.

Graham aveva poi anche altre singolari abitudini, come quella di recuperare la polvere da sparo dai fuochi d'artificio per fabbricare delle piccole bombe, di inalare l'etere per "sballarsi" e di andare in giro con solventi pericolosi in tasca. A scuola se la cavava piuttosto bene, ma dava il meglio di sé nelle materie scientifiche, soprattutto la chimica. Nel tempo libero approfondiva da autodidatta tanti altri argomenti, sicuramente inusuali per la sua età: le scienze forensi, la tossicologia, la magia nera. Il suo mito era il dottor Crippen, il celebre killer avvelenatore, il quale a inizio Novecento fu accusato di essersi sbarazzato della moglie con 300 mg di scopolamina.

Graham all'età di tredici anni aveva una conoscenza così approfondita della tossicologia (pari a quella di un post laureato) da riuscire a ingannare i farmacisti locali sulla sua reale età, procurandosi in questo modo veleni quali il tallio, l'antimonio, la digitale e l'arsenico, e asserendo che ne aveva bisogno per "scopi didattici". Le quantità ottenute, però, sarebbero state sufficienti a uccidere tranquillamente diverse centinaia di persone. E i suoi scopi, purtroppo, non erano affatto didattici.

A scuola aveva legato molto con un ragazzo di nome Christopher Williams, con il quale era solito scambiarsi il pranzo. Tuttavia, a un certo punto, il ragazzo cominciò a soffrire di problemi gastrointestinali, dolori agli arti e forti mal di testa. Poteva sembrare un'influenza intestinale o un'intossicazione alimentare, ma quei sintomi erano persistenti e sembravano non avere una causa reale. Dopo aver consultato il medico di famiglia ed essersi addirittura recato all'ospedale, gli fu diagnosticata un'emicrania psicosomatica. Nei giorni seguenti, Christopher non ebbe modo di vedere Graham e migliorò notevolmente, riuscendo a guarire del tutto.

Analizzare la complessa mente di Graham richiederebbe studi e conoscenze che esulano da questo libro, ma quello che si sa è che usava il veleno come mezzo per affermare il suo potere e se ne serviva per fare esperimenti in cui le cavie erano le persone che lo circondavano. Ogni volta che decideva di avvelenare qualcuno, seguiva un metodo molto scientifico: annotava le dosi e la frequenza della somministrazione, osservava, analizzava le conseguenze, ed eventualmente tornava a perfezionare il prodotto di partenza, annotando tutto scrupolosamente nel suo taccuino.

E se Christopher era stato fortunato a sopravvivere, altrettanto non si può dire dei famigliari di Graham. Nel 1961 la famiglia Young cominciò ad avvertire i sintomi di quello che il medico di famiglia definì come «uno strano virus». La matrigna Molly aveva crampi alla pancia e vomito, il padre Fred diarrea e dolori lancinanti allo stomaco, e anche la figlia Winifred e il figlio Graham presentavano sintomi simili. Sembrava impossibile capire che cosa avesse scatenato quella malattia misteriosa. Finché poi la verità venne tristemente a galla: erano stati tutti avvelenati.

Graham aveva infatti iniziato aggiungendo 50 mg di belladonna (vedi pp. 91-97) nella tazza di tè di sua sorella Winifred. La ragazza si sentì male e si recò all'ospedale, dove le venne subito diagnosticato l'avvelenamento. Il padre cominciò a nutrire dei forti sospetti nei riguardi del figlio, ma lui si difese dicendo che la sorella si era probabilmente intossicata con lo shampoo che era solita usare.

Fu poi il turno della matrigna. Dapprima Graham le somministrò un composto a base di antimonio in maniera graduale, per oltre un anno, in modo che i sintomi venissero scambiati per un altro male. Il piano in principio sembrò funzionare, tanto che all'ospedale pensarono che avesse un'ulcera. A febbraio del 1962 arrivò però a somministrarle ben 1300 mg di tallio acetato nel cibo. Il giorno dopo, fu trovata morta.

L'antimonio, che ha una stretta somiglianza con l'arsenico, può entrare in contatto con il corpo attraverso la pelle, l'ingestione (tramite bevande o cibo contaminato) o l'inalazione, la via più pericolosa. Esistono moltissimi composti dell'antimonio, dal triossido al trisolfuro, al tricloruro di antimonio, che causano sintomi più o meno equiparabili. In seguito all'avvelenamento in genere si sperimenta nausea, mal di testa, perdita di appetito e difficoltà respiratorie.

Il tallio, invece, ha una tossicità acuta superiore a quella di altri metalli (come mercurio, cadmio, piombo, zinco e rame) e, come i suoi composti, viene rapidamente assorbito. Anche qui la gravità degli effetti dipende dalla via di esposizione, dalla dose e dall'età dei soggetti, ma in generale si sperimentano caduta dei capelli, vomito, diarrea, problemi cardiaci e neurologici, fino ad arrivare al decesso, spesso molto doloroso. Uno dei composti più comuni, nonché quello usato da Graham per i suoi crimini, è l'acetato di tallio, che è solubile, incolore, inodore e insapore.

Non fu tuttavia possibile risalire alle cause esatte della morte di Molly poiché il corpo, sotto suggerimento di Graham stesso, venne cremato. Qualche tempo prima della morte della moglie, anche il padre Fred aveva cominciato a non sentirsi bene. Perse peso, aveva problemi gastrointestinali, e una volta arrivato in ospedale gli venne diagnosticato l'avvelenamento da antimonio. Anche qui il padre non se la sentì di denunciare il figlio, dato che i suoi sospetti erano ormai diventati sempre più reali, e il ragazzo inizialmente non finì nella lista dei sospettati, poiché anche lui accusò sintomi simili. Non è chiaro se si trattò di un modo astuto per depistare le indagini, o se si fosse veramente avvelenato, involontariamente, durante i suoi esperimenti.

Tuttavia, gli insegnanti non poterono fare a meno di notare il suo comportamento sospetto, in particolare l'insegnante di chimica, che scoprì che il ragazzo era in possesso di moltissimo materiale riguardante i veleni, schizzi e disegni inquietanti. Grazie all'aiuto di uno psichiatra, che lo definì un "avvelenatore psicopatico", Graham venne denunciato alla polizia.

Fu arrestato a scuola il 23 maggio 1962, dopo aver confessato gli avvelenamenti commessi in famiglia, a eccezione di quello della matrigna, e dopo che la polizia trovò moltissimi veleni nascosti in camera sua. Venne ricoverato nell'ospedale psichiatrico giudiziario di Broadmoor. Aveva solo quindici anni.

Il periodo di reclusione però non attenuò la sua ossessione per i veleni, anzi. Poco dopo l'arrivo di Young a Broadmoor un detenuto di ventitré anni morì per avvelenamento da cianuro, anche se all'epoca venne archiviato come suicidio. Quando poi Graham ricevette l'incarico di aiutare nella distribuzione del tè al personale e ai detenuti, non perse l'occasione per aggiungere nelle bevande delle sostanze tossiche, per esempio i detergenti per il WC. Non furono però presi i giusti provvedimenti e, dopo otto anni di permanenza nell'ospedale psichiatrico, gli psicologi lo considerarono completamente riabilitato. Così, a ventitré anni, venne scarcerato, nonostante avesse fatto un'inquietante confessione a un'infermiera: avrebbe ucciso un uomo per ogni anno passato in carcere.

Il padre interruppe ogni comunicazione, e l'unica persona disposta a rivederlo una volta uscito di prigione fu la sorella, che lo accolse in casa propria. Qualche tempo dopo, Graham trovò lavoro come assistente magazziniere presso la John Hadland Laboratories, un'azienda che produceva attrezzatura fotografica a Bovingdon, a cinquanta chilometri da Londra. Per produrre queste speciali lenti ottiche veniva usato il tallio, uno dei veleni preferiti da

Graham. Anche in questo caso, però, qualcuno degli ingranaggi della comunicazione si inceppò, perché nessuno dei suoi nuovi colleghi o datori di lavoro fu informato dei precedenti criminali di Young. Il giovane poté così affittare presto una piccola camera da letto da una signora pakistana, iniziò il nuovo lavoro e condusse una vita all'apparenza normale, mentre nel frattempo si occupava di riassortire la sua vasta scorta di veleni in casa.

Non ci volle molto, infatti, prima che anche i suoi colleghi cominciassero a mostrare i soliti sintomi da avvelenamento, dal momento che uno dei suoi compiti era proprio quello di servire tazze di tè durante le pause. Il primo a subirne le conseguenze fu il suo capo, Bob Egle. Cominciò a soffrire di intensa diarrea e vomito, ma lo schema era sempre lo stesso: stava a casa e guariva, tornava al lavoro e stava di nuovo male. Un lunedì mattina, Graham affondò il colpo aggiungendo una dose letale di acetato di tallio nel tè di Bob. L'uomo cominciò a perdere sensibilità alle dita e a sentire un forte dolore alla schiena, così andò in ospedale, dove gli venne diagnosticata una neurite periferica. Venne immediatamente trasferito al reparto di terapia intensiva, ma in poco tempo divenne completamente paralizzato e il suo cuore smise di battere. La causa del decesso venne attribuita alla rara sindrome di Guillain-Barré, e il corpo venne cremato subito dopo l'autopsia. Molto tempo dopo vennero recuperate e analizzate le ceneri, e fu così possibile confermare la presenza di tallio, trovato anche nei blocchi di tessuto conservati in paraffina (conservati prima della morte per svolgere degli esami istologici).

Dopo la morte di Bob anche altri colleghi sperimentarono problemi gastrointestinali, e si pensò nuovamente che uno strano virus circolasse per la fabbrica e per la città. Poco dopo però un altro magazziniere, Fred Biggs, si ammalò più gravemente degli altri, sviluppando una grave polineurite distale sensoriale e morendo dopo tre settimane di agonia, generando il panico più totale nell'azienda. Moltissime persone avevano crampi addominali, continui attacchi di diarrea, perdevano i capelli, e cominciarono a dire che probabilmente le acque erano contaminate, o che c'erano problemi di radioattività.

Il medico dell'azienda, il dottor Arthur Anderson, radunò quindi tutti i dipendenti per rassicurarli del fatto che gli ispettori della sanità pubblica avevano eseguito degli esami approfonditi e che le acque non erano risultate contaminate, né vi erano segni di materiale radioattivo. Tutte le norme di igiene e di sicurezza venivano rispettate scrupolosamente all'interno della struttura. Durante questo annuncio, però, successe qualcosa di strano. Un dipendente cominciò a chiedere insistentemente come mai non fosse stata presa in considerazione l'ipotesi di avvelenamento da tallio, sostanza usata dall'azienda nei processi fotografici, dato che un sintomo comune era proprio la perdita di capelli. Costui mostrò una conoscenza davvero approfondita della tossicologia, tanto da far insospettire il medico che lo segnalò alla polizia. Questa persona, evidentemente, era Graham. I direttori della fabbrica allertarono immediatamente la polizia.

Quando gli agenti perquisirono la stanza di Graham, trovarono moltissimo materiale inquietante come diverse scorte di veleno e un diario in cui annotava l'andamento dei suoi esperimenti tossicologici tramite parole in codice. Vennero inoltre rinvenute tracce di tallio sui suoi vestiti: a quel punto, ormai, anche il suo passato da avvelenatore seriale era tornato a galla.

Fu immediatamente arrestato e portato a processo, con prove così pesanti a suo carico che si faticò a trovare un avvocato che lo difendesse. La giuria della St. Albans Crown Court lo condannò all'ergastolo per omicidio, e venne nuovamente rinchiuso nella prigione di massima sicurezza di Broadmoor. Era il 1971.

Graham Frederick Young morì in carcere all'età di quarantatré anni per un infarto. Nei mesi del processo, pare si sia augurato che la sua statua venisse esposta al Madame Tussauds; dopo la sua morte, il suo macabro desiderio si è avverato. Per diversi anni, e fino alla chiusura della mostra, una sua statua ha infestato la cosiddetta "Camera degli orrori" al Madame Tussauds, insieme a quella del suo idolo, il terribile dottor Crippen.

L'eredità perduta

1927, VIENNA. Emil Marek e sua moglie Martha si recarono al tribunale provinciale di Vienna dopo essere stati chiamati a processo. L'accusa a loro carico era scandalosa: frode assicurativa.

Qualche tempo prima, Emil si trovava nel suo piccolo appezzamento di bosco, mentre il sole picchiava implacabile. Con un fazzoletto annodato intorno al collo e i pantaloni rimboccati fino alle ginocchia, era desideroso di preparare quanta più legna possibile per l'inverno ormai alle porte. Diede un ultimo sguardo al grande ippocastano che lo sovrastava maestoso, con i suoi bianchi fiori delicati che in primavera attiravano giocose api e farfalle.

Andò a prendere la sua scintillante ascia e si mise all'opera. Poche attività lo assorbivano come quella: impugnava

con forza l'ascia e con movimenti precisi abbatteva tronco dopo tronco. Era sicuro che il lavoro sarebbe stato terminato per l'ora di pranzo. Finché improvvisamente accadde qualcosa di insolito: l'ascia, scivolando, l'aveva colpito alla gamba. Ma come era potuto succedere? Guardò in preda al dolore la profonda ferita sanguinante e un grido che faticò a riconoscere come suo lacerò l'aria. Cominciò a urlare il nome della moglie, sperando che arrivasse quanto prima. Il pezzo di terreno in cui vivevano era un paradiso silenzioso, non vi era anima viva; l'urlo attraversò i metri che lo separavano da casa e raggiunse Martha, che corse in fretta e furia in quella direzione. Una volta arrivata vide lo scempio:

Emil, paonazzo in viso e con il sangue che colava dalla ferita, guardava con orrore la sua gamba. Si voltò verso la moglie e le chiese di fargli una promessa: «Se la gamba non guarisce, assicurati di farmela amputare». La gamba, in effetti, non guarì: era così gravemente mutilata che venne amputata, appena sotto il ginocchio.

Dato che fortunatamente i due avevano stipulato un'assicurazione, chiesero dunque una ricompensa in denaro. Non vennero però creduti e furono chiamati a processo: l'accusa sosteneva che si era trattato di un atto intenzionale, e non di un incidente, dal momento che erano presenti ben tre tagli sulla gamba. Durante il processo, i Marek si difesero al meglio e convinsero i giudici delle loro parole. Vinsero il processo e ricevettero un'ingente somma di denaro.

La relazione tra Emil e Martha era iniziata anni prima in gran segreto, poiché al tempo Martha era sentimentalmente legata a un altro uomo, decisamente ricco, ma molto più vecchio di lei, di nome Moritz Fritsch. Costui era proprietario di un grande negozio di vestiti e prese Martha a vivere con lui quando era ancora solo una ragazzina. Qualche anno dopo la giovane incontrò l'affascinante ingegnere Emil Marek, ma tennero nascosta la loro relazione per un motivo ben preciso: non appena Moritz morì, lasciò tutto in eredità a Martha – un'eredità che consisteva in una enorme quantità di denaro, accompagnata da una bellissima villa.

Emil e Martha si sposarono nel 1924, ma la vita priva di freni che conducevano li portò a dilapidare presto il patrimonio ricevuto in eredità e a dover vendere la villa. Con i soldi ricevuti dall'assicurazione per la gamba amputata riuscirono ad andare avanti per un po', ma divennero più poveri ogni giorno che passava, e nel frattempo erano nati anche due figli, un maschio e una femmina. Le disgrazie, però, sembravano non finire mai: improvvisamente il marito morì. Tubercolosi, fu la diagnosi postuma. Fortunatamente Martha aveva stipulato un'assicurazione sulla vita di Emil appena prima che morisse, per una somma pari a diecimila sterline, che incassò subito. Qualche settimana dopo, se ne andò tragicamente per una misteriosa malattia anche la figlia Ingeborg, di soli sette anni. Martha, disperata e in lutto, cominciò a ricevere donazioni da parte di persone che, impietosite, cercavano di starle accanto, e fortunatamente poteva contare anche sui soldi dell'assicurazione sulla vita che aveva stipulato anche per la piccola Ingeborg.

Qualche tempo dopo un'anziana zia, Susanne Löwenstein, chiese aiuto a Martha: aveva bisogno di qualcuno che si prendesse cura di lei. In cambio, offrì alla nipote vitto e alloggio. Martha accettò, e Susanne per ringraziarla la nominò erede del suo patrimonio, che consisteva in una piccola villa ben arredata. Neanche un mese dopo, l'anziana zia morì.

Trovatasi nuovamente sola, e avendo già sperperato tutti i soldi che aveva ricevuto in eredità, affittò le stanze della villa ad alcuni anziani. Tra questi c'era una vedova di nome Kittenberger che, non appena si trasferì, si fece convincere da Martha a stipulare un'assicurazione sulla vita per cinquemila scellini, di cui la proprietaria di casa sarebbe stata la beneficiaria in caso di morte. Poco dopo, anche la l'anziana morì.

I soldi ricevuti dall'assicurazione però finirono presto. Dopo qualche mese, Martha denunciò il furto di alcuni dipinti preziosi nella casa della zia, in cui continuava a vivere, chiedendo un risarcimento. La polizia si mise sulle tracce dei ladri, ma ben presto riuscì a rintracciare la ditta che si era occupata di rimuovere i dipinti, i quali erano stati poi nascosti in un magazzino a Vienna: Martha aveva inscenato il furto per intascare il denaro dell'assicurazione. Finì in carcere.

In seguito a questo episodio, il figlio della signora Kittenberger, che aveva sempre nutrito dei sospetti nei confronti di Martha, la denunciò, con l'accusa di aver ucciso l'anziana madre solo per incassare i soldi dell'assicurazione.

La polizia iniziò le indagini e il corpo venne riesumato. Visti i risultati delle analisi, anche i corpi di Emil Marek, Ingeborg Marek e Susanne Löwenstein vennero riesumati. Dopo le autopsie i tossicologi dichiararono che erano stati tutti e quattro avvelenati con il tallio. Ogni singola vittima, infatti, aveva presentato sintomi come difficoltà nella deglutizione e intorpidimento degli arti appena prima del decesso e, sebbene Martha si dichiarasse estranea ai fatti, si scoprì che un farmacista di Vienna riforniva regolarmente la signora Marek del veleno.

I poliziotti riuscirono a salvare l'altro figlio di Martha, Alfons, il quale, intestatario di un'altra assicurazione sulla vita appena stipulata dalla madre, stava morendo anche lui per avvelenamento da tallio. Venne portato d'urgenza in ospedale e riuscirono a salvarlo. Nel 1936 Martha Löwenstein Marek venne arrestata con quattro accuse di omicidio a suo carico: il marito, la figlia, l'anziana zia, la coinquilina.

Durante il processo, tenutosi un paio di anni dopo, Martha decise di non avvalersi della grazia; si dichiarò innocente fino all'ultimo e affermò che la giustizia doveva fare il suo corso. Fu condannata alla ghigliottina, pratica alquanto inusuale per la Vienna di quell'epoca, ma che era appena stata ripristinata da Adolf Hitler nell'Austria annessa al Terzo Reich. Il "dispositivo F.", come veniva chiamata la ghigliottina in gergo nazista, fu inviato a Vienna dalla prigione di Berlino-Tegel su un treno. Il 6 dicembre 1938 Martha Marek venne decapitata.

IDENTIKIT
Tallio

FORMA FISICA

Il tallio puro si trova naturalmente nel terreno e può essere assorbito dalle piante (nel sud-ovest della Cina il terreno è talmente ricco di tallio, con alte concentrazioni nelle piante commestibili, che ha causato avvelenamenti cronici nella popolazione locale).
L'acetato di tallio, tra i composti più comuni usati come veleni, è solubile in acqua, è incolore e quasi insapore.

VIE DI SOMMINISTRAZIONE

Orale e cutanea.

DOSE LETALE

Viene assorbito sia per via cutanea sia per via gastrointestinale. L'avvelenamento più comune avviene per via orale. La dose letale acuta corrisponde all'incirca a 10-15 mg/kg di peso corporeo; l'organo principale di accumulo è il rene. Se assunto da una donna in gravidanza, il tallio è inoltre in grado di attraversare la placenta e accumularsi nel latte materno, provocando danni anche alla prole. A livello molecolare simula lo ione potassio, sostituendosi a esso e andando ad alterare le funzionalità enzimatiche e quindi i processi metabolici cellulari.

EFFETTI

Gli effetti collaterali più comuni sono perdita di capelli (dopo due-quattro settimane dalla somministrazione), problemi gastrointestinali, delirio, allucinazioni, depressione respiratoria, sensibilità al tatto, formicolio alle dita, sensazione di bruciore (specialmente nei piedi), gastroenterite, polineuropatie, coma e morte, causata da disfunzioni cardiache, renali e del sistema nervoso.

ANTIDOTO

Blu di Prussia (300 mg/kg al giorno).

RIMEDI

Dialisi renale e trattamento con carbone attivo e blu di Prussia per ridurne l'assorbimento.

CURIOSITÀ

L'avvelenamento da tallio può essere confuso con la sindrome di Guillain-Barré, come è capitato inizialmente nel caso di Bob Egle, avvelenato in realtà da Graham Young. Il tallio, tuttavia, è facilmente rilevabile nelle indagini *post mortem* poiché si accumula nelle ossa.

La tossicità del tallio era in parte già nota da tempo, dato che in passato i suoi composti venivano usati come ratticidi e insetticidi. A inizio Novecento, invece, negli Stati Uniti è stata commercializzata una crema, la Koremlu Cream, contenente acetato di tallio: veniva usata come crema depilatoria. Nonostante gli innumerevoli casi di avvelenamento delle donne che utilizzavano la crema, venne ritirata dal mercato solo negli anni Trenta.

REGNO III: UNA BRUTTA BESTIA

Animali venefici e dove trovarli

Il regno animale, con la sua straordinaria varietà e complessità, non smette mai di stupirci. Accanto a creature affascinanti e più pacifiche, ne esistono altre dotate di armi silenziose e letali: i veleni. Queste sostanze svolgono un ruolo cruciale per l'animale nella caccia, nella difesa e nella competizione per la sopravvivenza. In questo capitolo ci addentreremo nel complesso mondo dei veleni animali, esplorandone le diverse tipologie, i meccanismi d'azione e, aspetto fondamentale, le strategie per contrastarne gli effetti: gli antidoti.

Tra gli animali velenosi più noti, i serpenti occupano certamente un posto di rilievo. I loro veleni, miscele complesse di enzimi e tossine, possono agire in diversi modi: paralizzano il sistema nervoso o agiscono sul sistema circolatorio, alterano la coagulazione del sangue e provocando emorragie interne o trombosi. La molteplicità di veleni presenti nel mondo dei serpenti è enorme; dagli ultimi studi è emerso che, mentre le prime tracce dell'esistenza dei serpenti risalgono a circa cento milioni di anni fa, il veleno di serpente potrebbe risalire addirittura a duecento milioni di anni or sono.

Il fascino di questi composti, comunque, è pari solo alla loro complessità: non è infatti possibile identificare una sola molecola per i veleni di tutti i serpenti, poiché generalmente essi consistono in un miscuglio complesso di proteine, enzimi, sali minerali e piccole quantità di metallo. È per questo motivo che a fine capitolo non troverete un identikit per il veleno di serpente: l'unica classificazione che qui potremmo azzardare, infatti, si basa sull'organo bersaglio del veleno stesso.

Un altro esempio emblematico di animale velenoso è il pesce palla, una prelibatezza in Giappone, dove viene chiamato *fugu*. Questo pesce contiene una potente neurotossina, la tetrodotossina (TTX), che si accumula soprattutto nel fegato e nelle gonadi di questi animali. La TTX blocca i canali del sodio, interrompendo la trasmissione degli impulsi nervosi e causando paralisi muscolare, che può portare a insufficienza respiratoria e morte. La preparazione del *fugu* richiede una grande maestria e una licenza speciale, poiché anche una minima quantità di veleno può essere fatale.

Anche alcuni anfibi, come i rospi, utilizzano veleni come meccanismo di difesa: le loro ghiandole parotidi secernono una miscela di sostanze, tra cui bufotossine e triptamine come la bufotenina, che possono causare irritazioni e, in alcuni casi, effetti cardiovascolari. Il rospo del deserto di Sonora (*Incilius alvarius*), in particolare, produce anche 5-metossi-*N,N*-dimetiltriptamina (5-MeO-DMT), uno dei più potenti allucinogeni in natura.

Di fronte alla minaccia dei veleni animali, l'uomo ha sviluppato diverse strategie di difesa, tra cui la produzione di antidoti. A differenza delle pratiche di mitridatismo, basate sull'assunzione graduale di piccole dosi di veleno per sviluppare una "tolleranza" (con rischi significativi per la salute), gli antidoti moderni si basano su principi immunologici; scopriremo meglio di cosa si tratta nelle prossime pagine.

Addentriamoci quindi nel variegato e bizzarro mondo dei veleni animali, analizzando i meccanismi d'azione di alcune tossine e, soprattutto, le contromisure sviluppate dall'uomo per mitigarne le conseguenze, con un focus particolare proprio sulla produzione e l'utilizzo degli antidoti.

Antidoti e serpenti

Immunizzato mezzo salvato?

Chi non vorrebbe diventare immune a un veleno? Se la leggenda vuole che re Mitridate VI ci abbia provato più di duemila anni fa con il suo antidoto universale, anche i suoi successori non furono da meno. Il medico personale dell'imperatore romano Nerone, un cretese conosciuto come Andromaco il Vecchio, provò a migliorare l'antidoto del grande re del Ponto arrivando a creare una miscela di circa sessantacinque elementi. Al suo interno erano contenute spezie, minerali, oppiacei in grandi quantità e l'ingrediente principale: carne di vipera. Andromaco era infatti convinto che, per il principio del *similia similibus curantur* – ovvero: il simile cura il simile –, assumere carne di vipera avrebbe significato assumere anche l'antidoto al suo stesso veleno. Il preparato assunse in seguito il nome di "teriaca", che derivava non a caso dal greco *thérion*, ossia "bestia selvatica", richiamando la sua presunta efficacia contro i morsi di animali velenosi. Negli anni in molti cercarono di migliorare questo preparato, come per esempio il medico greco Galeno, convinto che la sua formula avrebbe spazzato via tutte quelle precedenti: conteneva addirittura settanta ingredienti, tra cui carne di vipera, cannella, miele, vino e oppio, e veniva lasciato a maturare per anni prima di poter essere consumato.

Il preparato di Mitridate e quello di Galeno possono sembrare simili, ma in realtà negli anni era stato introdotto un elemento importante. Mentre Mitridate non si stava affatto immunizzando, ma intossicando lentamente giorno dopo giorno, Galeno si stava perlomeno avvicinando a quello che viene fatto ai nostri giorni per contrastare i morsi di serpente, scorpioni o altri animali velenosi: assumere un antidoto propriamente detto. Non è possibile ottenere un antidoto che sia valido per qualsiasi sostanza presente sulla Terra, poiché gli antidoti dipendono (e si realizzano a partire) dalle caratteristiche stesse del veleno. Per far sì, infatti, che il nostro organismo sia in grado di difendersi da agenti patogeni esterni, tramite la cosiddetta immunità acquisita, è necessario che il veleno sia in grado di scatenare una risposta immunitaria, andando a produrre anticorpi specifici. Come abbiamo visto per i mangiatori di arsenico, ingerire sostanze biologicamente inerti non produce anticorpi specifici, ma va semplicemente a danneggiare vari organi, tra cui l'intestino, rendendolo di volta in volta meno sensibile a una nuova dose. Molto diverso, invece, è il funzionamento del veleno dei serpenti. Lo spettro d'azione è molto ampio e differisce da specie a specie, ma generalmente include neurotossine, agenti emorragici o coagulanti e citotossici.

È importante notare che la maggior parte dei veleni prodotti nel regno animale ha come funzione primaria quella di catturare la preda e/o funzione di autodifesa; produrre veleno, però, è un processo biologico energeticamente di-

spendioso e dunque rappresenta una risorsa preziosa per l'animale, che cercherà di conservarla il più a lungo possibile. Proprio per questo motivo, per esempio, diversi egittologi odierni dissentono sulle modalità di suicidio di Cleopatra VII, l'ultima regina di Egitto: secondo la tradizione più diffusa, costei si sarebbe infatti tolta la vita facendosi mordere più volte da un aspide o da un cobra egiziano, trasportato in un cesto di fichi al mausoleo in cui si era ritirata con le sue due ancelle, anche loro trovate morte. Tuttavia, è improbabile che un serpente utilizzi tutta la sua riserva di veleno per uccidere tre persone una dopo l'altra. È più plausibile che abbia attaccato mordendo a secco le vittime, ovvero senza iniettare a tutte quante il veleno. Inoltre, le fonti riportano che le donne sarebbero state trovate morte nel giro di pochi minuti, mentre sappiamo che il veleno di serpente uccide in maniera più lenta. È più probabile, dunque, che la regina si sia applicata del veleno su una ferita, o che abbia bevuto un miscuglio di erbe letali, come oppio, aconito e cicuta. La morte di Cleopatra rimane tutt'oggi irrisolta, avvolta nel mistero e nella leggenda, e fonte di numerosi dibattiti, ma indubbiamente la pericolosità del veleno dei serpenti ha spinto gli scienziati a sviluppare potenti antidoti nel corso del tempo.

Gli antidoti al veleno di serpente, a differenza dei minerali, innescano una vera e propria risposta immunitaria, rendendo di fatto l'organismo "pronto" a un attacco successivo. Nella teriaca di Galeno o di Andromaco non vi era tuttavia il veleno vero e proprio, ma carne di vipera: perciò il suo effetto era perlopiù placebo, tralasciando l'eventuale dipendenza dall'oppio che ne poteva derivare. Nonostante i progressi della medicina, la reputazione e il fascino della teriaca come antidoto al veleno dei serpenti, o più in generale come panacea per tutti i mali, si tramandò nei secoli, permanendo addirittura fino ad alcune farmacopee del XIX secolo e in generale fino a inizio del XX secolo. In Italia divenne nota con il nome di "melassa di Venezia", poiché la Serenissima era tra i maggiori centri produttori della sostanza, e veniva conservata in preziosi vasi di porcellana decorati a mano.

Produrre un vero antidoto al giorno d'oggi non è un lavoro da poco. In genere si procede prelevando il veleno da un serpente facendogli mordere una membrana e lasciando colare il liquido in un recipiente sottostante. Il veleno viene dunque diluito e reiniettato in un altro animale di grande stazza, solitamente un cavallo; possono essere utilizzati anche altri mammiferi come la pecora o il cammello, ma in genere viene preferito il cavallo per il suo carattere docile e poiché ha moltissimi litri di sangue in corpo e produce dunque anticorpi in abbondanza. Il veleno viene iniettato in quantità crescenti nell'animale per stimolare la produzione di anticorpi, il sangue viene poi prelevato, e gli anticorpi specifici isolati e purificati. L'antidoto è pronto nel giro di una settimana.

Con un prelievo di sangue di un cavallo possono essere prodotte fino a duecento fiale contro il veleno dei serpenti africani e addirittura duemila contro gli scorpioni. È bene precisare che il cavallo utilizzato per produrre il siero non è destinato a morire; tuttavia, questa tecnica non è esente da critiche, dal momento che si tratta di un metodo obsoleto che a lungo andare non è salutare per l'animale. Attualmente sono in corso altre ricerche per sviluppare tecniche alternative di laboratorio che coinvolgano per esempio le cellule staminali, come è successo nel 2020 nei Paesi Bassi.

Tra studiosi e appassionati, però, c'è anche chi si è spinto oltre e ha esplorato i confini dell'autosomministrazione. Stiamo parlando di Tim Friede, un americano che ha iniziato in giovanissima età a collezionare serpenti velenosi in casa. Dal momento che questo mondo lo affascinava particolarmente, negli anni arrivò a collezionare le specie più rare e velenose, come taipan, cobra, serpenti a sonagli e mamba neri. Così, per aggirare l'eventualità di venire morso accidentalmente, pensò di doversi creare un antidoto "naturale", autosomministrandosi gradualmente dosi crescenti di questi veleni, sempre ben diluiti, usando il proprio corpo come incubatore di anticorpi. Questa pratica è altamente rischiosa, e Tim ha agito completamente da autodidatta, annotando di volta in volta i risultati dei suoi esperimenti. Iniziò anche a filmarsi in diretta mentre si faceva mordere e a caricare i video sul suo seguitissimo canale YouTube, nel quale dimostra di essere immune a tutti i morsi di serpente. Lui stesso ha dichiarato di essersi somministrato negli ultimi venti anni più di settecento dosi crescenti dei veleni più letali al mondo, riuscendo a sopravvivere a più di duecento (dolorosissimi) morsi letali. Si annovera un solo episodio in cui lui stesso ammette, in un'intervista rilasciata nel 2024 per *National Geographic*, di aver rischiato grosso e di essere «praticamente morto»: mentre stava maneggiando un cobra egiziano, quest'ultimo si è voltato di scatto e gli ha affondato i denti nella carne. E se il colpo venne tutto sommato attutito dalle dosi di anticorpi sviluppati, neanche un'ora dopo, mentre maneggiava un cobra monocolo, venne morso nuovamente. E due morsi così potenti, in un arco di tempo molto ravvicinato, lo mandarono in coma per quattro giorni. Riuscì a sopravvivere e, da meccanico di camion del Wisconsin, è passato oggi a ricoprire il ruolo di direttore della divisione di erpetologia di una società californiana di ricerca sui vaccini, la Centivax. L'immunologo Jacob Glanville vide in lui un potenziale per la ricerca di antidoti e, collaborando insieme, sono riusciti negli anni a scoprire decine di anticorpi direttamente dal suo sangue. L'obiettivo ora è arrivare a ottenere il primo antidoto universale completamente umano al mondo, che possa essere conservato e distribuito facilmente nelle zone più colpite dagli avvelenamenti causati dalle zanne dei serpenti.

Il morso dei serpenti o degli scorpioni può sembrare una

possibilità molto remota per chi abita nelle città occidentali: con tutta probabilità, riteniamo che sia un'eventualità per chi abita in Paesi esotici. In realtà, i dati delle vittime annuali sono impressionanti: cinque milioni e mezzo sono le persone che vengono morse ogni anno e quasi centoquarantamila quelle che perdono la vita (di cui cinquantamila in India e trentamila in Africa). Coloro i quali riescono a sopravvivere riportano comunque altri danni molto gravi, come l'amputazione degli arti. Secondo l'Organizzazione mondiale della sanità (OMS), moltissime di queste vittime potrebbero essere risparmiate semplicemente grazie agli antidoti. Tuttavia, sviluppare un antidoto è un lavoro tutt'altro che semplice, in parte poiché non si conosce fino in fondo come funzionino questi veleni, in parte per la difficoltà nell'eseguire ampi studi clinici controllati sui pazienti avvelenati, e in parte perché i fondi destinati a questo tipo di ricerca sono alquanto limitati poiché portano risultati poco redditizi. È un fenomeno che interessa soprattutto i popoli in via di sviluppo, che vivono nelle zone rurali: qui può capitare con facilità di pestare accidentalmente un serpente mentre si lavora nei campi e di rimanere feriti. La parte peggiore è che in molte di queste zone ci vogliono addirittura giorni prima di raggiungere una struttura adeguata per i soccorsi, e una volta arrivati lì non è detto che l'antidoto sia disponibile, che il personale sia stato sufficientemente formato, o che la catena del freddo dell'antidoto sia stata rispettata correttamente. Molte altre persone, inoltre, preferiscono ricorrere ai rimedi della medicina popolare poiché scettici verso i progressi scientifici, con esiti spesso fatali.

Al momento nel mondo ci sono circa cinquanta industrie che lavorano in questo settore e che cercano di produrre nuovi antidoti, e l'OMS nel 2019 ha dichiarato di voler dimezzare le vittime da morso di serpente entro il 2030. È ancora presto per capire se questo obiettivo verrà rispettato o no; quindi, avete in programma di farvi mordicchiare dal vostro serpente domestico nella speranza di diventare invulnerabili, forse è il caso di ripensarci…

Pesce palla

Quando il piacere sfida il pericolo

In Giappone il pregiatissimo *fugu*, più conosciuto come pesce palla, può raggiungere prezzi vertiginosi, superando anche i 500 dollari per un singolo piatto. Servito nei ristoranti più raffinati, il *fugu* è riuscito a conquistare i palati più esigenti con il suo sapore delicato e la sua consistenza unica. Viene solitamente servito come sashimi in fette sottilissime, quasi trasparenti, con un esterno leggermente croccante e un interno gommoso, ma in alcuni casi viene anche fritto o cotto al forno. Tuttavia, dietro questa prelibatezza si nasconde un rischio mortale, che lo colloca tra i dieci piatti più pericolosi al mondo. Il *fugu*, infatti, contiene una delle neurotossine più letali al mondo: la tetrodotossina.

Anche la stessa forma del pesce palla, così particolare, è un efficace espediente di difesa contro i nemici naturali: invece di fuggire o combattere, il *fugu* si gonfia d'acqua e aria, assumendo un aspetto imponente e poco appetibile per i predatori. All'interno del suo corpo si cela la tetro-

dotossina, una sostanza dal gusto sgradevole e letale, tanto per i pesci quanto per gli esseri umani. Circa milleduecento volte più tossica del cianuro, una minima quantità di questa neurotossina è sufficiente a paralizzare i muscoli respiratori e causare la morte per insufficienza respiratoria in poche ore. Un solo pesce palla contiene abbastanza veleno da uccidere fino a trenta persone; e – forse è questo il lato più inquietante – purtroppo non esiste ancora un antidoto efficace.

Secondo recenti studi scientifici, la tetrodotossina non viene prodotta direttamente dal pesce palla, ma da batteri marini che colonizzano l'intestino suo e di molti altri organismi marini. Attraverso la catena alimentare, questa potente tossina si accumula soprattutto nel fegato, nelle gonadi e nell'intestino del *fugu*; la tetrodotossina agisce bloccando i canali del sodio, interrompendo così la trasmissione degli impulsi nervosi e causando la paralisi dei muscoli. Ovviamente, lo stesso pesce palla ha sviluppato una resistenza a questa sostanza pericolosa, un adattamento evolutivo straordinario che lo rende di fatto immune agli effetti letali della tetrodotossina.

Il consumo del *fugu* ha origini antichissime, risalenti a circa quattromila anni fa. Nel corso degli anni è diventato il piatto pregiatissimo che conosciamo oggi, circondato da certificazioni e controlli. Per essere autorizzati a prepararlo e a servirlo, infatti, non basta essere (o dirsi) cuochi: agli albori del suo consumo non si aveva idea di come prepararlo correttamente, tant'è che per trecento anni (dal 1570 al 1870) la sua vendita è stata proibita in tutto il Giappone. Dal 1948 a oggi, gli chef che desiderano diventare dei *fugu chefs* devono seguire un corso di formazione intensivo molto caro, che dura tre anni, durante i quali imparano a fondo l'anatomia del pesce, la composizione della tetrodotossina, le tecniche di disintossicazione, e apprendono come sfilettare e tagliare il pesce in modo sicuro, preparandone in totale più di duecento. Nel taglio è richiesta infatti una precisione millimetrica, che non lascia spazio a errori e mira a rimuovere le parti più tossiche dell'animale – appunto, il fegato, le gonadi e l'intestino –, senza contaminare le parti pulite. Al termine dei tre anni, gli chef devono superare un esame molto difficile, che prevede una parte scritta teorica e una pratica, in cui devono identificare la specie dell'esemplare di *fugu* che hanno davanti, rimuovere le parti tossiche, cucinarlo e infine mangiare loro stessi il piatto che hanno preparato. Se sopravvivono, entrano in possesso di una licenza speciale fornita dallo Stato.

La responsabilità di questi cuochi è altissima, dal momento che la tossina persiste anche dopo la cottura. Si stima che avvengano circa trenta-quaranta casi di intossicazione ogni anno. Se si è stati avvelenati lo si percepisce in breve tempo, poiché nel giro di trenta minuti si comincia ad avvertire una sensazione di formicolio in tutto il corpo, poi sopraggiungono vomito, stordimento e vertigini. Nei casi di intossicazione non fatale, i sintomi scompaiono in ventiquattro ore. Secondo il governo giapponese, si registrano dai cinque ai venti decessi all'anno dovuti al consumo di *fugu*, la maggior parte dei quali tra pescatori che si improvvisano chef a casa. Le morti nei ristoranti autorizzati sono rarissime.

Come per moltissimi veleni, esistono anche delle potenzialità di utilizzo di questa tossina in campo medico. Secondo le ultime ricerche, potrebbe infatti essere usata come analgesico per i pazienti oncologici e per contrastare la sindrome di dipendenza acuta da eroina. Gli studi sulla tetrodotossina ci hanno inoltre fatto scoprire importanti dettagli su come le cellule nervose comunicano tra di loro: a dimostrazione del fatto che anche le occorrenze più bizzarre, oscure e talvolta pericolose della natura possono avere risvolti sorprendenti su quello che conosciamo del mondo.

IDENTIKIT

Tetrodotossina (TTX)

FORMA FISICA

È stata isolata nel pesce palla, ma anche in altre forme di vita marina come rospi e vermi.

VIE DI SOMMINISTRAZIONE

Orale, inalatorio, cutaneo.

DOSE LETALE

La LD_{50} intragastrica nei topi è di 532 μg/kg. Un solo pesce palla può uccidere fino a trenta individui adulti. La tetrodotossina è un potente inibitore del canale del sodio, che riduce l'eccitabilità di membrana e interrompe la trasmissione degli impulsi nervosi.

EFFETTI

Trenta minuti dopo l'ingestione si comincia ad avere una sensazione di bruciore o formicolio in tutto il corpo, nausea, vomito, debolezza, stordimento, vertigini e nei casi peggiori paralisi muscolare e aritmie cardiache. La morte sopraggiunge per insufficienza respiratoria e collasso cardiovascolare da quindici minuti a sei ore dopo l'ingestione. L'avvelenamento da tetrodotossina è noto come tetradotossismo.

ANTIDOTO

Non esiste un antidoto noto.

RIMEDI

Il trattamento è soprattutto di supporto. Nella maggior parte dei casi si procede con lavanda gastrica, supporto respiratorio o ventilazione meccanica fino alla completa escrezione della tossina.

CURIOSITÀ

Anche se ci si può illudere che sia un fenomeno che interessa esclusivamente il Giappone, sono stati trovati pesci contaminati in Asia, America ed Europa. Per esempio, nel 2007 un uomo in Spagna, a Malaga, si è intossicato dopo aver mangiato una lumaca di mare del genere *Charonia*: anche questa creatura, infatti, talvolta può produrre quantità dannose di tetrodrotossina.

Rospi velenosi

La principessa e il ranocchio

La figlia di un re sta giocando con la sua palla dorata nel giardino del castello, ma all'improvviso la palla cade in un pozzo profondo. La ragazza inizia a piangere, finché un ranocchio esce dall'acqua: il ranocchio le dice che le recupererà la palla, ma in cambio lei dovrà portarlo con sé al castello, farlo sedere a tavola e farlo dormire con lei. La principessina acconsente, ma dopo essere rientrata in possesso della palla, torna al castello e si dimentica della promessa. Il ranocchio si presenta allora alla porta, ma la principessa rifiuta di accoglierlo. Tuttavia il re, che ha ascoltato tutta la storia, insiste per farlo entrare. Quando è ora di andare a dormire, la principessa si rifiuta di accogliere il ranocchio nella sua camera da letto e, esasperata, lo scaraventa contro il muro. Lui si trasforma in un bel principe, i due si sposano e vivono per sempre felici e contenti.

A differenza di quanto si crede comunemente, nella versione originale della fiaba dei fratelli Grimm non è presente il bacio tra la principessa e il ranocchio: questa scena emblematica compare invece nelle traduzioni inglesi, e in generale nelle altre traduzioni del mondo occidentale, al punto che espressioni come «Bisogna baciare molti rospi prima di trovare il principe» sono entrate a far parte del linguaggio comune. La discrepanza tra le due versioni, secondo gli autori David Siegel e Susan McDaniel, può essere dovuta al fatto che i due giovani tedeschi abbiano voluto rendere la fiaba più pudica, e dunque adatta al pubblico vittoriano. Entrambe le versioni sarebbero comunque la rappresentazione della maturazione e della presa di consapevolezza della principessa, che abbandona la pubertà (perdendo la palla) e diventa adulta.

Anche la scelta del ranocchio nella fiaba non è casuale, ma affonda le sue radici nella scienza: molte specie di rospi, infatti, possiedono una caratteristica peculiare, ossia la capacità di produrre sostanze allucinogene. Queste sostanze, spesso concentrate nelle ghiandole parotidi (le protuberanze dietro agli occhi), servono come meccanismo di difesa contro i predatori.

In particolare, in America Centrale e del Nord molte specie del genere *Bufo* sono note per secernere un veleno lattiginoso contenente una complessa miscela di sostanze chimiche, tra cui bufogenine e bufotossine, ovvero dei glicosidi cardiaci tossici, triptamine come la bufotenina e, nel caso del *Bufo alvarius* (un rospo che vive nel deserto di Sonora, ora noto come *Incilius alvarius*), anche la potente 5-metossi-*N,N*-dimetiltriptamina (5-MeO-DMT). Queste sostanze, oltre a causare problemi gastrointestinali e in alcuni casi anche effetti cardiovascolari dovuti alla presenza di glicosidi cardiaci, inducono potenti allucinazioni visive e uditive.

In particolare, il *Bufo alvarius*, noto anche come "rospo del fiume Colorado", era già conosciuto da diverse culture

mesoamericane come gli Olmechi, i Maya e gli Aztechi per le sue proprietà psicoattive. I Maya, per esempio, lo consideravano un animale sacro, e si ritiene che aggiungessero la sua pelle come ingrediente nelle bevande alcoliche per indurre un effetto psicoattivo più potente e connettersi con il mondo spirituale.

Il veleno del *Bufo alvarius* contiene principalmente bufotenina e la 5-metossi-*N,N*-dimetiltriptamina (5-MeO-DMT), un potente allucinogeno. Se un predatore mangia un rospo o ne ingerisce il veleno, può sperimentare gravi sintomi, tra cui spasmi, convulsioni, mal di testa, nausea, vomito e persino la morte. Al contrario, se la pelle o il veleno vengono essiccati e fumati, il veleno induce allucinazioni visive e uditive intense.

È proprio quest'ultimo aspetto ad aver attirato non poche persone in cerca di un'esperienza psichedelica. Alcuni si sono spinti a leccare il dorso di questi animali, scena ripresa anche nella serie animata *I Simpson*, in un episodio in cui Homer appare in evidente stato di alterazione psichica mentre lecca la schiena di un rospo. La maggior parte, invece, fuma il veleno estratto e polverizzato, sperimentando un breve ma intenso viaggio psichedelico già pochi secondi dopo l'assunzione. Questa pratica non è ovviamente esente da rischi, dal momento che gli effetti possono perpetuarsi per giorni e slatentizzare patologie psichiche preesistenti. Si registrano inoltre diversi casi di intossicazione, come quello di un bambino di dieci anni che, dopo aver leccato un rospo con i suoi amici, è stato ricoverato per convulsioni e attacco cardiaco. E tutto questo senza contare infine lo stress per l'animale, il quale ha un ruolo fondamentale nell'ecosistema e ha il diritto di essere protetto: non è infatti raro trovare degli slogan in Arizona con su scritto PLEASE, LEAVE TOADS ALONE!, che cercano di combattere lo sfruttamento di questa specie.

Sono moltissimi gli anfibi velenosi che abitano questo pianeta, anche se non hanno tutti effetti allucinogeni. Delle ottocento tossine ritrovate nelle rane velenose, sono solo settanta quelle a essere state identificate. Le rane più velenose si trovano in Colombia, come per esempio la rana dorata velenosa (*Phyllobates terribilis*), uno degli animali più tossici della Terra, che vive nelle foreste tropicali: una sola rana contiene abbastanza veleno per uccidere fino a dieci persone. Il loro veleno è conosciuto dall'antichità, tant'è che gli indigeni Emberá della Colombia lo hanno sfruttato per secoli per avvelenare le punte dei loro dardi da cerbottana. Ancora oggi, infatti, questa rana è nota anche con il nome di "rana freccia".

La sua tossicità è data dalle batracotossine, degli alcaloidi steroidei neurotossici estratti per la prima volta dalla pelle di questi animali negli anni Sessanta, duecentocinquanta volte più tossiche della stricnina. Si pensa, secondo le ultime ricerche scientifiche, che queste sostanze non vengano prodotte dalla rana stessa, ma piuttosto da essa assunte tramite la dieta.

A oggi la rana dorata è una specie protetta, e l'uso del suo veleno non è consentito, anche perché si tratta di una pratica estremamente pericolosa. In Messico e Arizona il *Bufo alvarius* è protetto da leggi che ne vietano il bracconaggio. Il veleno della rana dorata è oggetto di ricerche per il suo potenziale nel combattere la depressione resistente al trattamento farmacologico, l'ansia, il disturbo da stress post traumatico e l'abuso di sostanze.

Forse, dopo tutto, chi bacia i rospi non esiste soltanto nelle favole...

IDENTIKIT
Bufotenina

COMPOSIZIONE CHIMICA DEL VELENO

Esistono oltre duecento specie conosciute di *Bufo*. Le loro ghiandole parotidi riescono a sintetizzare un'ampia gamma di neurotrasmettitori, tra cui dopamina, epinefrina, noradrenalina e serotonina, oltre a numerose altre molecole biologicamente attive.

La bufotenina (o 5-metossi-*N,N*-dimetiltriptamina, 5-OH-DMT), un alcaloide con potenziale tossico, è una sostanza ubiquitaria nel genere *Bufo*, sebbene le concentrazioni possano variare significativamente tra le diverse specie.

Secondo i dati della letteratura, l'unica specie di *Bufo* in grado di produrre la 5-metossi-*N,N*-dimetiltriptamina (5-MeO-DMT), uno degli allucinogeni più potenti conosciuti in natura, è il *Bufo alvarius* (ora noto come *Incilius alvarius*). Questa specie, infatti, possiede l'enzima O-metiltransferasi, in grado di convertire la bufotenina in 5-MeO-DMT. Le ghiandole parotidi di questo rospo possono contenere fino al 15% del loro peso secco in questo composto. La 5-MeO-DMT può anche essere sintetizzata in laboratorio.

FORMA FISICA

È stata trovata nella pelle e nelle ghiandole di diverse specie di rospo del genere *Bufo*, nei funghi come l'*Amanita mappa* e in piante come l'*Anadenanthera* e la *Piptoderma peregrina*.

VIE DI SOMMINISTRAZIONE

Questa sostanza ha una funzione limitata quando viene assunta per via orale, poiché il nostro intestino contiene un enzima, la monoammino ossidasi (MAO), in grado di inattivarla. Per superare questo ostacolo, alcune popolazioni indigene dell'Amazzonia nord-occidentale hanno sviluppato preparati che combinano la bufotenina con piante contenenti inibitori della MAO, come l'armina e l'armalina, presenti nell'ayahuasca. Questi inibitori bloccano l'azione dell'enzima, permettendo alla bufotenina di raggiungere il cervello e interagire con i recettori della serotonina. Tuttavia, la bufotenina viene più comunemente fumata dopo aver essiccato il veleno, bypassando così l'intestino e l'azione della MAO. Un documento ritrovato risalente al 1983 e firmato da Albert Most (pseudonimo usato da Ken Nelson, che scrisse il *Bufo Alvarius: The Psychedelic Toad of the Sonoran Desert*) fornisce indicazioni precise su come raccogliere ed essiccare il veleno dal rospo, spiegando con precisione come "mungere" le ghiandole, con quale frequenza poterlo fare e come fumare il veleno. Questa pratica è tuttavia pericolosa e non esente da rischi per la salute.

DOSE LETALE

La LD_{50} nei roditori è tra 200 e 300 mg/kg.

EFFETTI

Gli effetti sono complessi e variano da individuo a individuo. La comunità scientifica è divisa tra chi considera la bufotenina un allucinogeno e chi no, dal momento che i risultati sui suoi effetti psichedelici sono discordanti. Tuttavia, la maggior parte degli autori concorda circa i suoi effetti serotoninergici periferici, a carico del sistema cardiovascolare e gastrointestinale, causando un aumento della frequenza respiratoria, nausea e vomito, che potrebbero anche mascherare eventuali mitigati effetti allucinogeni. La 5-metossi-*N,N*-dimetiltriptamina (5-MeO-DMT) è invece universalmente riconosciuta come potente allucinogeno, in grado di provocare euforia, dissociazione dalla realtà, allucinazioni, ma anche paura, terrore, difficoltà di parola, mal di testa, nausea e vomito. La bufotenina è un potente agonista dei recettori 5-HT2A e 5-HT2C, sottotipi dei recettori della serotonina. Dato che è idrofila, la sua capacità di attraversare la barriera ematoencefalica è limitata e va dunque a legarsi maggiormente ai recettori serotoninergici periferici, limitando così i suoi effetti allucinogeni. La 5-metossi-*N,N*-dimetiltriptamina (5-MeO-DMT) è invece un agonista non selettivo dei recettori 5-HT1A, 5-HT2A, e 5-HT2C, ed è altamente lipofila, riuscendo dunque a passare facilmente la barriera ematoencefalica e a raggiungere rapidamente il cervello. Tuttavia, una volta entrata in circolo viene rapidamente metabolizzata dalla monoammino ossidasi (MAO) o dal citocromo P450 a bufotenina. Il suo potente effetto allucinogeno è dunque molto rapido ma di breve durata. Secondo altri autori, elevate dosi endovenose o intramuscolari di bufotenina provocano una diminuzione del ritmo cardiaco con una conseguente carenza di ossigeno nei tessuti, come al nervo ottico, causando dunque distorsioni visive.

ANTIDOTO

Non esistono antidoti specifici.

RIMEDI

Il trattamento è di supporto. In alcuni casi sono stati somministrati con successo steroidi e fenobarbital.

NOTA IMPORTANTE

L'uso di queste sostanze è illegale in molti Paesi e comporta gravi rischi per la salute. Inoltre, vi sono diverse associazioni che si occupano della salvaguardia della specie *Incilius alvarius*, il nostro *Bufo*, per prevenirne lo sfruttamento e garantirne la conservazione.

Futuro dei veleni e veleni del futuro

Questo viaggio nel mondo dei veleni ci ha portato attraverso millenni di storia, dalla Mesopotamia fino ai giorni nostri; abbiamo esplorato le origini, le paure, le superstizioni, i falsi miti, il folklore, le curiosità e i crimini legati a queste sostanze affascinanti; abbiamo visto quanto sia stato sottile, nella storia, il confine tra il veleno impiegato come arma e quello impiegato come rimedio; abbiamo attraversato racconti in cui queste sostanze sono state strumenti utili per affermare il proprio potere (fin dall'epoca dei Romani), e quanto luoghi comuni, come quella tra il veleno e le donne, si siano perpetuati fino ai giorni nostri.

Da quando l'essere umano ha iniziato a osservare la natura intorno a sé, si è reso conto che alcune piante e minerali erano tossici, e nei secoli è riuscito ad affinare le sue conoscenze, sviluppando tecniche che gli permettessero di isolare e identificare i principi attivi dei veleni. Casi giudiziari diventati celebri come l'*Affaire Lafarge* e l'innovativo test di Marsh per rilevare l'arsenico della prima metà dell'Ottocento hanno rivoluzionato secoli oscuri di avvelenamento, rendendo sempre più semplice identificare le sostanze tossiche nell'organismo e mitigarne un loro uso criminoso. Grazie alla nascita della tossicologia forense, nella seconda metà del XIX secolo i tossicologi europei iniziarono a fornire sempre più prove degli avvelenamenti, che hanno iniziato a diventare meno misteriosi e ostici da identificare, e l'assunto secondo cui «il veleno è l'arma perfetta» ha cominciato a vacillare sempre più. Gli assassini non potevano più restare impuniti.

Oggi, questa scienza affascinante e ricca che chiamiamo tossicologia, si trova ad affrontare sfide via via più complesse, e il veleno assume un ruolo nuovo, diventando fondamentale nell'ambito della medicina. Se è vero che «solo la dose differenzia un veleno da un rimedio», come disse il celebre Paracelso, è anche vero che i veleni più potenti esistenti in natura, come la ricina o la tetrodotossina, se usati nei giusti contesti possono essere non solo dei rimedi, ma dei veri farmaci salvavita.

La storia dei veleni ci insegna che l'uomo ha da sempre cercato di dominare la natura, ma che spesso ne ha sottovalutato la potenza. Ma come garantire che queste conoscenze vengano utilizzate per il bene dell'umanità e non per danneggiarla? Come prevenire l'uso di sostanze tossiche per scopi illeciti?

Anche se le informazioni contenute in questo libro non sono di per sé *affatto* esaustive per poter compiere un avvelenamento volontario, e una grande fetta di materiale sia già ampiamente disponibile in numerosi libri di testo, polizieschi, gialli, romanzi, filmografia e quant'altro (Agatha Christie *docet*), le motivazioni per cui «tra il dire e il fare c'è di mezzo il mare», riguardo ai veleni, risiedono in altro. Secondo la famosa scrittrice e divulgatrice Kathryn Harkup, ci sono almeno quattro buone ragioni che rendono l'avvelenamento particolarmente difficile da realizzare: la difficoltà nel reperire il veleno, la difficoltà nel camuffarlo in cibo o bevande per non farsi scoprire, gli imprevedibili effetti che produce nel corpo, spesso non così rapidi e invisibili come si può pensare, e lo smaltimento della sostanza all'interno degli organi, poiché molti veleni rimangono intrappolati nel cadavere per decine di anni, rendendoli dunque facilmente rintracciabili durante le analisi forensi. Senza contare che il veneficio di per sé non è un gesto impulsivo, ma altamente premeditato, il che fa scendere ulteriormente le probabilità che accada.

La questione etica, però, rimane. Perché parlare di veleni? Ho perso il conto delle volte in cui negli ultimi anni mi sono sentita chiedere: «Ma non hai paura a rendere pubbliche certe informazioni, informazioni che farebbero meglio a essere tenute ben al segreto? Non hai paura di stuzzicare la mente di qualche potenziale criminale?».

Personalmente, ritengo che conoscere le proprietà delle sostanze, il modo in cui agiscono sul corpo o da quale pianta provengono, piuttosto che rappresentare un pericolo, ci permetta in realtà di difenderci, di riconoscere prontamente le sostanze tossiche o un avvelenamento, di prendere decisioni consapevoli e cercare in fretta un rimedio. Pensate: e se i colleghi di Graham Young avessero riconosciuto tempestivamente i sintomi di un avvelenamento? Se le eleganti signore veneziane avessero saputo che era per la terribile tossicità della belladonna che i loro occhi si dilatavano?

Comprendere i veleni, come questi si siano evoluti nel corso dei secoli e come siano cambiate le loro modalità di utilizzo, ci permette anche di sviluppare leggi appropriate che tutelino realmente la salute pubblica e l'ambiente, facendo sì che casi come quello dei cappellai matti possano essere solo un brutto ricordo. E pensate anche a sfide più attuali, come quella rappresentata dalla cosiddetta "droga dello stupro": solo divulgando al pubblico i rischi, come questa agisca sul corpo e in quale forma si presenti, possiamo realmente fare prevenzione.

La conoscenza scientifica non dev'essere un privilegio relegato a pochi individui che ne faranno eventualmente buon uso, ma un diritto di tutti. È nostro dovere, dunque, promuovere l'accesso a questa conoscenza. Dopo aver letto questo libro, andrete in Giappone a provare il pesce palla? Berrete a cuor leggero un infuso alle erbe di cui non conoscete la provenienza? Pensate ancora che sia una buona idea farsi mordere da un serpente per sviluppare l'immunità? Io credo (anzi, spero) di no. La conoscenza permette di costruire una società più libera e consapevole. Senza demonizzare a priori tutto ciò che ci fa paura, ma ricordandoci che le più potenti medicine nascono proprio dai veleni.

Bibliografia selezionata

Questo libro è frutto di una lunga e appassionata ricerca, durante la quale ho consultato un'ampia varietà di fonti, dai testi dell'Ottocento in lingua inglese fino alle più recenti pubblicazioni scientifiche. Per agevolare il lettore, abbiamo scelto di citare solo i testi e gli articoli che riteniamo possano essere di maggiore interesse. Tuttavia, sono a disposizione per fornire un elenco completo delle fonti consultate (in formato pdf) a chiunque ne faccia richiesta, scrivendo una mail a questo indirizzo: info.eleonorascarcello@gmail.com. Ma vi avviso, preparatevi a ricevere più di quindici pagine di bibliografia!

Se avete trovato interessante questo libro, parlatene con i vostri amici: il passaparola è il mezzo più potente per far conoscere un libro e sostenere la sua diffusione! Infine, vi invito caldamente a segnalare eventuali errori o imprecisioni che possono esserci sfuggiti e che ci permetteranno di migliorare le future edizioni.

Libri

AA.VV., *Toxicology in the Middle Ages and Renaissance*, Elsevier, Amsterdam 2017.

Neil Bradbury, *A Taste for Poison: Eleven Deadly Molecules and the Killers Who Used Them*, St. Martin's Press, New York 2022.

Elizabeth A. Dauncey e Sonny Larsson, *Piante che uccidono*, Ricca Editore, Roma 2018.

John Emsley, *The Elements of Murder: A History of Poison*, Oxford United Press, Oxford 2005.

—, *Molecules of Murder. Criminal Molecules and Classic Cases*, Royal Society of Chemistry Publishing, Cambridge 2008.

Costante Ferraris, *Veleni ed avvelenamenti*, con note di aggiornamento di Edoardo Mori (2002), Hoepli, Milano 1897.

David J. Gibson, *Cluedo botanico. Come le piante risolvono i crimini*, il Saggiatore, Milano 2023.

Curtis D. Klaassen, *Casarett & Doull's Toxicology. The Basic Science of Poisons*, 9th Edition, McGraw-Hill, New York 2018.

Gerald A. LeBlanc, *È la dose a fare il veleno. Valutare i rischi delle sostanze chimiche dalla tavola alla cura del corpo*, Apogeo, Milano 2024.

Pedro Palao Pons, *Veleni. Tutti i segreti dall'antichità a oggi*, De Vecchi, Firenze-Milano 2022.

Platone, *Fedone*, Garzanti, Milano 2005, pp. 117-118 e pp. 151-155.

John Harris Trestrail, *Criminal Poisoning: Investigational Guide for Law Enforcement, Toxicologists, Forensic Scientists, and Attorneys*, Humana Press Inc, Totowa 2007.

Winifred Young, *Obsessive Poisoner: The Strange Story of Graham Young*, Robert Hale Ltd, Londra 1973.

Articoli

Joan Acocella, «Murder by Poison», *The New Yorker*, 7 ottobre 2013.

Francesca Assisi (a cura di), «Le intossicazioni alimentari da tossine naturali: guida al riconoscimento e alla prevenzione», https://win.centroantiveleni.org/Tossine%20naturali%20A5.pdf.

Nicholas R. Casewell *et al.*, «Complex Cocktails: The Evolutionary Novelty of Venoms», *Trends in Ecology & Evolution*, vol. 28(4), aprile 2013, pp. 219-229.

Erika Check Hayden, «The Quick Facts about Ricin», *Nature*, 17 aprile 2013.

Louise Cilliers, François P. Retief, «Poisons, Poisoning and the Drug Trade in Ancient Rome», *Akroterion*, vol. 45 (2000), 30 marzo 2014.

«Confession of Elizabeth Woolcock», *South Australian Register*, 2 gennaio 1874.

«Curry Poisoner Lakhvir Singh Found Guilty of Murder», *The Guardian*, 10 febbraio 2010.

Julia David, «How Catherine de Medici Made Gloves Laced with Poison Fashionable», *Atlas Obscura*, 2016.

Anthony D. Dayan, «What Killed Socrates? Toxicological Considerations and Questions», *Postgraduate Medical Journal*, vol. 85(999), gennaio 2009.

Carla Grassano, «Un infuso tra mistero e realtà che si chiamava "papagna"», Sezione Europea, Riflessioni, *Personalità/Dipendenze*, vol. 5 (2), 1999, pp. 23-26.

Sergi Grau Torras, «Paracelso, le battaglie di un medico visionario», *Storica, National Geographic*, 24 settembre 2021.

Kate Griffin, «Sex, Lies and Arsenic: How the "King of Poisons" Lost Its Crown», *The Guardian*, 22 dicembre 2015.

Kathryn Harkup, «What's Your Poison? Why Sparkling Cyanide Shouldn't Be Your Weapon of Choice», *The Guardian*, 17 dicembre 2015.

Alessandro Lugli *et al.*, «The Gastric Disease of Napoleon Bonaparte: Brief Report for the Bicentenary of Napoleon's Death on St. Helena in 1821», *Virchows Archiv*, vol. 479(5), novembre 2021, pp. 1055-1060.

Thomas Lyttle, David Goldstein, Jochen Gartz, «Bufo Toads and Bufotenine: Fact and Fiction Surrounding an Alleged Psychedelic», *Journal of Psychoactive Drugs*, vol. 28(3), luglio-settembre 1996, pp. 267-290.

Frank Musshoff, Burkhard Madea, «Ricin Poisoning and Forensic Toxicology», *Drug Test Analysis*, vol. 1(4), aprile 2009, pp. 184-191.

Eugenie Nepovimova, Kamil Kuca, «The History of Poisoning: From Ancient Times Until Modern Era», *Archives of Toxicology*, vol. 93(1), gennaio 2019, pp. 11-24.

Gareth Parry, «Markov was "Unlawfully Killed"», *The Guardian*, 3 gennaio 1979.

Roberto Poeti, «La storia del pigmento Verde Scheele del chimico svedese Carl Scheele», www.robertopoetichimica.it, 24 maggio 2022.

Gudrun Przygoda, Jörg Feldmann, William R. Cullen, «The Arsenic Eaters of Styria: A Different Picture of People Who Were Chronically Exposed to Arsenic», *Applied Organometallic Chemistry*, giugno 2001, pp. 457-462.

François P. Retief, Louise Cilliers, «Poisoning during the Renaissance: The Medicis and the Borgias», *The Southern African Society for Medieval and Renaissance Studies*, 2000.

J.M. Sadurní, «La morte di Alessandro Magno, il più grande conquistatore della storia», *Storica National Geographic*, 13 giugno 2023.

David M. Siegel, Susan H. McDaniel, «The Frog Prince: Tale and Toxicology», *American Journal of Orthopsychiatry*, vol. 61(4), ottobre 1991, pp. 558-562.

Melissa Tedone, Rosie Grayburn, «Arsenic and Old Bookcloth: Identification and Safer Use of Emerald Green Victorian-Era Cloth Case Bindings», *Journal of the American Institute for Conservation*, vol. 62(1), marzo 2022, pp. 1-12.

H.A. Waldron, «Did the Mad Hatter Have Mercury Poisoning?», *British Medical Journal*, vol. 287(6409), dicembre 1983.

Katherine D. Watson, «Poisoning Crimes and Forensic Toxicology Since the 18th Century», *Academic Forensic Pathology*, vol. 10(1), marzo 2020, pp. 35-46.

Ringraziamenti

Che avessi davvero scritto un libro, ci ho creduto solo quando sono arrivata all'ultima pagina. È arrivato in un momento buio, in cui rinchiudermi in camera a scrivere era l'unica cosa che riuscissi a fare senza sentirmi schiacciata dalle incombenze del mondo. Ma checché se ne dica, scrivere un libro è un lavoro molto più metodico di quanto si pensi. Con una tazza di caffè e latte in una mano e il fiammifero per accendere una candela profumata nell'altra, ho iniziato quest'avventura sedendomi sulla mia rumorosa sedia, con un fare un po' dadaista, per radunare le idee e seguire l'istinto creativo. Ma la realtà è che, appunto, scrivere un libro è un lavoro fatto di costanza, perché se aspettassimo sempre di avere la scintilla creativa, finiremmo nel duemilamai. E così ho finito con il crearmi una routine, con un piccolo rito prima di iniziare a schiacciare i tasti della tastiera sulla scrivania, giorno dopo notte, settimana dopo weekend. Ma questo è anche stato un libro itinerante: ho scritto in aeroporto, seduta su un sedile minuscolo di un low-cost, in sale d'aspetto, su terrazzi illuminati, guardando il mare (ma più spesso un bosco innevato), in bar rumorosi. Ho scritto fino a tarda notte (i nottambuli mi capiranno), mai prima delle nove del mattino, tante volte in pausa pranzo. Sono davvero poche le persone con cui ho condiviso questo progetto cammin facendo, ma ve lo dico subito: ho avuto bisogno di arrivare all'ultima battuta per dirmi che ce l'avevo fatta per davvero. Molti di voi scopriranno di questo manoscritto solo ora, eppure non siete stati di minor supporto per me. Il vostro costante affetto è stato una linfa vitale, e per questo vi ringrazio.

In particolare, ringrazio Riccardo, che ha accettato subito con grande gioia di scriverne la prefazione. Grazie a Emma: senza il tuo entusiasmo, e senza il tuo tocco magico, il libro non sarebbe stato lo stesso. Grazie a Eleonora e Rossella, le prime ad aver creduto fermamente in questo progetto. Grazie a Giorgia e Martina, le primissime lettrici del manoscritto: la vostra reazione è stata la migliore ricompensa che potessi avere. Grazie ad Alessia e Francesco per il vostro sostegno e per avermi guidata nelle audaci scelte cromatiche. Grazie a Chiara, che mi ha detto: «Non vedo l'ora di leggerlo a mia figlia come lettura serale!». Il tuo umorismo e incoraggiamento costante mi sono stati di molto aiuto. Grazie a Laura per i tuoi preziosi vocali, e per il tuo «so che sarà impegnativo, ma non ho mai avuto dubbi: ce la farai». Grazie alla mia community di Instagram: avevate visto questo libro ancora prima di me. Grazie ai miei amici monachesi, bruxellesi e italiani per ricordarmi che l'amicizia ha meno confini di quanto si creda. Grazie alla mia famiglia. Grazie ad Ale, che ha sempre capito e appoggiato i miei orari folli e il mio essere spesso (tanto) occupata. Senza di te, non ce l'avrei mai fatta. Ora posso finalmente scriverlo nero su bianco: hai visto, stavo davvero scrivendo un libro, non avevo intenzione di avvelenare il tuo tè. ;)

Ora *Molecole assassine* non è più mio, ma del lettore. Eppure, mi manca già tremendamente.

Finito di stampare nel mese di gennaio 2025
per conto di RCS MediaGroup S.p.A.
da Rotolito S.p.A., Via Sondrio, 3, Pioltello (Milano)
Printed in Italy